ごみ処理広域化計画

地方分権と行政の民営化

山本節子
Yamamoto Setsuko

築地書館

まえがき

私たちは今、歴史の転換点にたっている。戦後五〇年以上を過ぎ、日本の政治、行政体制の大きなほころびはもう誰の目にも隠しようがない。変化や改革を求めてくすぶっていた声は、二〇〇一年の小泉政権の成立とともにさらに高まっている。

しかしその変化は「構造改革」や「地方分権」をふまえた、「よい変化」だろう、などと誤解してはいけない。反対に、経済の「グローバリゼーション」という大波を背景に、私たちに押しつけられているのは、「市町村の解体」「行政の民営化」という、まったく未知の分野だ。

この大きな変化の糸口にされたのが、こともあろうに「ごみ問題」である。旧厚生省（現環境省）は「ダイオキシン対策」として新しい廃棄物政策を打ち出し、市町村の既存炉を、原則一日一〇〇トン以上の規模の「安全な」新型炉にリニューアルし、ごみの連続燃焼を義務付けた。

これが「ごみ処理の広域化計画」である。折からのダイオキシン騒ぎを受け、この計画は一見もっともらしく見え、誰も反対することはなかった。しかしこの政策によって、日本のごみ行政は、それこそ根本から大転換してしまった。さらにもっと重要なことは、この政策が同時に、日本の社会と行政の体制を大きく変質させる目的をもっているという点だ。「広域化計画」は、市町村の「ごみ処理」の権限を奪い、「自治権」を切り離すところからスタートするからで、そこからもたらされる変化と未来は、政府や業界のＰＲのような、甘い絵になるとはかぎらない。

本書は、いわば政策科学的アプローチから、この新廃棄物政策が抱える多くの問題点を解き明かした。その意味で、他の「ごみ問題」を扱った本とはかなり毛色が違い、とまどわれる方も多いかもしれない。しかし逆に本書によって、これまで「ごみ問題」で死角になってきたがゆえに重要な問題について多くを知ることができるはずだ。

当然、異論もあるだろう。政府は循環型社会基本法、各種のリサイクル法、ダイオキシン対策特別法を制定するなど、ごみ問題に真剣に取り組んでいるではないか、というような。しかし「広域化計画」は、生産規制は一切行わず、「廃棄物」を原則すべて焼却処理するという究極の焼却主義だ。高温溶融炉はダイオキシンの発生を前提に、それを複雑な装置でキャッチしようというもので、いわばダイオキシンは、高温溶融路メーカーにとっては大きな存在意義がある。旧厚生省も高温溶融炉がダイオキシンを発生させることを認めた上で施設の設置を義務付けている。人の命と健康を何より優先すべき旧厚生省が、このような危険性を秘めた広域化計画を、「法律の外側」で強行しているのだ。そこには薬害エイズ事件と同じ図式がある。

また海外、特にＥＵ（欧州連合）では、「リサイクル」「再利用」さえすでに拒否する声が多く、廃棄物対策の主流は、廃棄物になるものを発生させない「クリーン生産」に移っている。一部の都市・国ではごみの「焼却」を違法としたところもあるほど、「焼却」処理は恐れられ、拒否されている。

ごみや廃棄物の問題は、誰一人避けて通れない社会システムそのものの問題だ。それなのにその全貌はまことにつかみにくい。それは多くが生産と消費に伴う「負」の部分として、闇に葬られるからである。「ごみ処理の広域化計画」はその闇の中から生まれている。過去二〇年、日本の旧厚生省の廃棄物政策は完全に世界に後れをとってきたが、闇から生まれた「広域化計画」が、時計の針をさらに二〇年巻き戻すことになるのは当然かもしれない。本書は多くの人がこの問題を知り、それぞれの立場で議論することができるようにまとめた。特に広域化施設の建設予定地の方たち、ともすれば目先の、毎日のごみの対処に追われている市町村の職員、根本解決から目をそらしている国・県の職員、日々ごみを「生産」し続けている企業人、に向けて書いた。

問題の先送りと、次世代へのつけ回しは、もうやめようではないか。問題が大きく、解決が困難であることはわかる。しかし、姑息な手段で問題を先送りした結果、多くの人々を苦しめ、社会的なコストを極大化してきた数々の公害事件や薬害事件から、われわれは、そろそろ真剣に教訓を学ぶときではないか。

本書は次のような構成とした。

第Ⅰ章ではまず、各地の事例から広域化の実態を追った。実は広域化計画の下でも、焼却場や処分場が、農山村や離島など人里離れた土地に押しつけられるという構図は、これまでとまったく変わっていない。変わったのは事業の進め方で、たとえ建設場所、機種や施設のメーカーが未定という状況で地元住民が建設に強硬に反対しても、行政は説明会やアセスメントを強行し、事業に着手している。それを止めようとする地元住民との間の紛争は、それこそ一斉に全国的規模で噴き出している。しかしその報道は地域に限定され、その底に全国規模の「廃棄物行政の大転換」があることに気づきにくいため、はじめに各地の実例をあげた。

第Ⅱ章では、現実的問題から離れて、表面化することのない、根源的な問題点を追った。まず広域化のよりどころである「通達行政」。これは法令外で多額の補助金を支出する、いわばアングラ・バンキングシステムで、日本の公共事業では多用されているが、広域化を義務付けた「新ガイドライン通知」が、いかに廃掃法、地方自治法、憲法に違反しているかを見る。次には「広域化計画」の隠された目的——ごみの全量焼却、ごみ増加の黙認、産廃の税金による処理——について記し、「広域化計画」の本当のターゲットは、看板の「一般ごみ」ではなく、「産廃」処理にあることを述べる。さらにこの章では「高温溶融炉」（灰溶融炉、ガス化溶融炉など）のまやかしについて、専門家の意見を交えて述べた。多くの高炉メーカーが開発にしのぎを削る「新世代技術」は、いまだに安全性も有効性も証明されていない。ガス化溶融炉にいたっては、これまで以上に深刻な汚染源になりかねず、その先行きが心配されている。……ここまで読むと、読者はおそらく「広域化計画」が、実は穴だらけなのに気がつかれるだろう。それでも広域化計画は強行されている。なぜか。それを示すのが第Ⅲ章だ。

第Ⅲ章では、いわば広域化計画の素顔について触れた。特に広域化の受け皿として設立される「広域連合」は、市町村の自治権を骨抜きにしてしまう。その全国における設立状況を記した。この広域連合が実は、なかなか進まない「市町村合併」の推進役という面をもっている。それが全国をカバーしてしまえば、それを基礎として道州制への移行が非常に容易になる。その時点ですでに市町村の自治権が奪われているからで、その結果出てくるのが、ごみの減量や、脱塩ビ化にそぐわない一元的な中央集権制、というわけだ。その実例を北海道や神奈川県の例を交えて説明する。二〇〇〇年六月の廃棄物処理法の改正は、著者のこの推理を裏付けるラジカルなものだった。

ここまで来れば、読者は「ごみ処理」から「中央集権」へ、という著者の推理の道すじがだいたい飲み込めると思う。しかし平成官僚の立法テクニックにはまだ先がある。

その部分は第Ⅳ章で書いた。焼却炉に対する一般市民の不安と望みに反して、日本の産業界は、ダイオキシンやごみ増加を、ビジネスチャンスとしてむしろ歓迎している。構造不況に悩む産業界の一部にとっては廃棄物のコスト負担などとんでもない話だ。それを代弁するものとして「廃棄物列島」を作ろうという突飛な考えを紹介した。さらに官民の取りまとめ役として設立された「廃棄物研究財団」を通じた、この業界のありよう、「ダイオキシン騒ぎ」がガス化溶融炉を導入するためのよいきっかけになったことなども指摘している。

終章では、著者なりのごみ問題への解決策を提示した。そのポイントはごく単純で、人とモノを大事にするという社会を構築することである。私たち市民が今の社会の中で求められているのは、常に「完全な消費者」でいることだ。それ以外の役割はないといっていい。日本の社会システムが「終わりなき経済成長」という幻想に基づいて営まれているため、いまだに市民の購買力、消費活動があてにされているからである。そのような消費活動が続くかぎり、人の命も、モノの命もまた粗末にされ続ける。新しいものだけを珍重し、傷のあるもの、古いものはすぐに捨て、燃やして灰と煙にする、あるいは水に流して片づけることを当然視する社会が、環境的に健全なはずがないではないか。

環境汚染大国・日本で、これ以上、生産を野放しにし、焼却に頼るごみ処理が許されるはずはない。

それに歯止めをかけるのはやはり「法」である。日本の社会は早く法律の重要性にめざめ、それを生かすことのできる真の「法治社会」をめざさなければならない。

「広域化計画」から透かして見た社会の全貌、それは結局「法」に帰結する。読者もまた、本書のような視点からもう一度「ごみ問題」を見直し、行動につなげられることを願っている。

二〇〇一年八月八日　　山本節子

目次

第Ⅰ章

「ごみ処理の広域化」とは何か

1 大転換してしまった廃棄物行政

今、「ごみ問題」に関心をもつ市民の目は、ひたすら最終処分場の建設と、「ダイオキシン」に注がれている。その陰で、旧厚生省（以下、当時の厚生省の呼称を使う）がひそかに廃棄物政策の舵を、大量生産・大量消費・大量廃棄を拡大する方向へと切ってしまったことに気づく市民はほとんどいない。それはこれまで市町村が担ってきたごみ行政を、国と県で統括し、それに市町村を従わせるという、中央集権型の政策だ。ごみ行政が始まって以来の劇的な大転換で、その名を「ごみ処理の広域化」計画という。

厚生省のねらいは、全国の市町村が抱える約三三〇〇の焼却炉を、二〇二〇年ごろまでに三分の一ほどに集約し、ダイオキシン発生の少ない大型高温炉に置き換えることだ。そこから出た灰は溶かし固めて「再利用」し、それによって処分場の延命をはかる。これぞ循環型社会の到来というわけで、業務には新たに設立する広域組織があたる……。

これだけ聞けば市町村の職員だけでなく、住民も、「広域化」の方が合理的だと思うかもしれない。どの市町村でも、ダイオキシン対策や最終処分場の確保に頭を痛めている。さらに今後はリサイクル七法（139ページの廃掃法以外の法律）の完全実施によって、廃棄家電商品やペットボトルの収集など、市町村の負担がさらに重くなる。市町村が協同してごみ処理に取り組めば、これらの問題が解決できそうに思えるのだろう。

しかしそうではない。それどころか「ごみ処理の広域化」は、私たちが廃棄物を通じて抱いている漠然とした危惧を現実のものにする。その危惧とは後戻りできない大量生産・大量消費・大量廃棄の世界であり、それによる未来世代への重いつけである。ようやく高まってきた環境保護・リサイクルの波にも大きく水をさすことになる。

ところがこの「広域化」＝「廃棄物政策の大転換」は、国会議員にさえ知らされなかった。それは厚生省の一課長「通知」として都道府県に下ろされたため、国会審議も行われず、マスコミも取り上げなかったからだ。世論の高まりを避け、住民が騒ぎ出す前に既成事実を作っておくというのが、中央省庁の事業の進め方である。

中でも「薬害エイズ事件」を引き起こした厚生省の体質は相変わらずで、むしろさらに陰湿になっている。なぜなら関係者は、この広域化計画のもたらすさまざまな弊害――事故や汚染の可能性、ひいては生命系の危機をもたらすことを十分承知しているからで、この「新・廃棄物政策」が「第二のエイズ事件」に発展する可能性は否定できない。

1 ひそかに進む「広域化」の実態

① 場所が未定の説明会
——神奈川県藤沢市「エネルギーセンター」

藤沢市の御所見地区の住民にとって、回覧されたその「お知らせ」は唐突だった。市は稼動中の焼却施設（北部環境事業所）に代えて、新しいごみ処理施設を建てるというのである。ところがその新施設、「エネルギーセンター」がどこにできるのかは、お知らせのどこにも書かれていなかった。しかし説明会が行われるからには、この「御所見地区」内であることは間違いない。住民はいぶかりながら「説明会」に出かけた。一九九九年一一月のことである。

説明会で配られた立派な色刷りのパンフレットには、一四五トン／日の全連続焼却炉が三基、一一〇トンの粗大ごみ破砕施設、三〇トンの可燃ごみ裁断機、灰溶融処理施設、下水・し尿汚泥混焼施設、資源ごみのリサイクルプラザ、それに地元還元用のクアハウスや温水プールなどが印刷してあった。……住民が初めて知る、一大ごみ処理コンビナート計画である。しかし配られた資料のどこにも、やはり予定地や面積は書かれていなかった。

藤沢市の職員は、「エネルギーセンター」がいかに「循環型社会」に必要かつ有効かというようなことを熱心に説明したが、立地についての質問には一切答えなかった。住民は納得せず、会場には怒号が飛び、反対一色となった。しかし職員は「ご理解ください」を繰り返すだけだった。

神奈川県藤沢市は「湘南」を代表する町のひとつで、人口約三八万人。首都圏の良好なベッドタウンであり、南部から中央部には幹線道路や鉄道路線が発達し、市街地が大きく広がっている。一方、北西部の市境付近は近郊農村地域であり、豊かな自然が残っている。その中心が御所見地区だ。

しかしこのように、市境の田園地域、人口が少なく、のんびりした土地柄、さらに保守的とくれば、行政にとっては、きらわれもの施設を押しつける条件をすべてそろえていることになる。

それを証明するように、地区内にはすでに三つの最終処分場(葛原第一、第二、女坂《めさか》)があり、まわりを囲むように多くのごみ処理施設がある。東に北部環境事業所、西に高座清掃施設組合(海老名市の焼却場)と寒川《さむかわ》クリーンセンター(寒川市の焼却場)、さらに三キロほど北にある産廃処理会社エンバイロテックの焼却施設。これは工場の排煙が高濃度のダイオキシンを含むとして、厚木基地の米軍が運転中止を求めて提訴したほどである(この施設は二〇〇一年四月二〇日、政府が五一億六〇〇〇万円の補償金で廃止させ、焼却施設を撤去することになった)。

この地区内のダイオキシン濃度もほかより高いことが調査でも明らかにされており、さすがに地域住民の間には、これ以上の施設を拒否する空気が広がった。その空気を背景にして生まれた住民グループは、計画の白紙撤回を求めて署名活動を開始した。そして一カ月足らずで住民の過半数にあたる一万六〇〇〇の署名を集めた。実は計画が表面化する以前に、市は「町づくり協議会」を通じて建設の是非を打診していたのだが、この署名を通じ、住民は明確な「ノー」を表明したのである。

ところが藤沢市議会は、エネルギーセンター建設見直しを求める請願を、多数決で不採択とした。市長も住民の反対を押し切り、エネルギーセンターを「町づくりの中核」として総合計画に位置づけてしまった。

藤沢市は二〇〇〇年三月までにさらに数回の説明会や検討会を行い、広報などでもごみ問題を特集して、エネルギーセンターの必要性を訴えた。

「灰溶融炉やリサイクル施設などの建設に広いスペースが必要だから、現在地での建て替えは不可能。そこで将来の町づくりが計画されている御所見地区にお願いしているものです」というのが市の説明である。しかも今後は隣の茅ヶ崎市と共同で、寒川町のごみまで受け入れて処理するというのだ。それなのに依然として建設予定地は明らかにしていないのである。これでは住民には受け入れがたい。

立地も決めずに「説明会」を行い、どさくさに紛れて住民の「同意」を得るというのは、これまでの公共事業ではあり得なかった。これはごみ処理施設特有のやり方であり、それだけ「廃棄物」問題の危険性と裏事情が大きいことを示している。住民の声にまったく耳を貸さない行政を前にして、住民たちはようやく、「わが町のごみ政策」のうしろに、行政の枠を超えた何か大きな事情があることに気づいた。それが神奈川県策定の「神奈川県ごみ処理の広域化計画」(一九九八年三月)であることがわかったのは、説明会からずいぶん後のことだった。

② 誰も知らない「神奈川県ごみ処理広域化計画」――神奈川県

自分たちの住む町に、いきなり新しいごみ処理施設の計画が押しつけられれば、人は誰でもまず素朴な疑問をもつ。なぜこの土地なのか、なぜ大型高温溶融炉なのか、なぜほかの町のごみまで引き受けるのか……それらの疑問への答えは、すべてこの、神奈川県の「広域化計画」に書かれていた。

藤沢市はその中で、茅ヶ崎市、寒川町とともに「湘南東ブロック」に位置づけられており、県の指示に従って、着々と「広域化」への準備を整えていたのである。何しろ「広域化」計画に乗らないと補助金も下りないというのだ。すでに水面下では予定地もプラントメーカーも決定済みで、残ったのはいかに市民から「同意」を得るかという作業だけだった。そのために場所を特定しないまま説明会を開き、あわよくば地域代表者や地元のボスなどを抱き込んで、受け入れを表明させようとしたのである。普通では考えられない「他市のごみを引き受ける」ことも、この計画の中で決まっていた。

実は市町村にとって、他市のごみの引き受けは決して簡単ではない。住民の出す家庭ごみ――「一般廃棄物」――は、すべてその市町村が処理することが義務付けられており、他市のごみを処理するには一部事務組合を作る、正式な委託契約を交わす、など法律に基づく正規の手続きが要求される。当然議会の議決も経なければならない。一口に家庭ごみといっても、その中身は地域的な特性があって決して一様ではない。そこで地域の生活環境の保全という観点から、ごみの実態を最もよく知る市町村にその処理をまかせているのである。これを市町村の自治事務といい、住民には市町村のごみ行政に意見を言ったり、それを反映させたりする権限（自治権）がある。小さな行政範囲の中で、より有効な権限である。ところが藤沢市のように県の「広域化計画」に従って、ごみ処理の範囲を広げてしまうと、おかしな話になる。これまでのような自治権が生かせなくなるだけではない。処理主体も、責任主体もはっきりしなくなるのだ。また、従来、「廃棄物の処理及び清掃に関する法律」（以下、廃掃法とする）に基づいて市町村が作っていたごみ処理の計画（「一般廃棄物処理基本計画」）と広域化計画との関係も不明確になる。そこで住民たちは二〇〇〇年八月、神奈川県の職員を呼んで「広域化計画」と、藤沢市のエネルギーセンター計画の整合性を説明させることにした。

しかし県は説明会で、この計画への関与も責任もまったく認めようとしなかった。広域化計画は提案にすぎず、広域化は市町村が自主的に決めること、エネルギーセンターは藤沢市独自の政策で広域化計画とは無関係、という具合である。計画間の整合性は「これからはかる」と言い、現状は不整合であることを認めている。

国会審議を経ることのなかった広域化計画は、当然、県議会でも市町村議会でも論議されていない。

この政策がいつ、どのように決まり、誰が責任をとるのか、という基本的な問いにも、今のところ誰も答えてくれないのだ。それなのに事業だけは着々と進むというのが、ごみ問題にかぎらず、日本の公共事業の特徴である。

現在、御所見の住民グループは、広域化計画の違法性（第Ⅲ章）をつき、その見直しと事業への補助金支出中止を求めて、直接厚生省（二〇〇一年一月から環境省）に申し入れ、話し合いを続けている。

③ 証明できない安全性
――福岡県甘木郡のガス化溶融炉

首都圏ではまったくといっていいほど報道されていないが、このような「ごみ処理の広域化」の動きは、むしろ首都圏から遠く離れた九州や北海道、それも農村部で非常に活発だ。それは廃棄物をめぐる大きな流れ――都市のごみを田舎に、首都圏のごみを地方に――から考えればごく当然で、そのまま将来の「廃棄物」の行方を暗示している。その実態を九州で見てみよう。

福岡県では、甘木《あまぎ》・朝倉・三井環境施設組合（以下「組合」）の、「広域」ガス化溶融炉建設計画に対し、四四三名の住民が建設差し止めを求めて提訴している。この組合は近隣九市町村からなる一部事務組合で、二〇〇〇年二月に設立された。ここでは日本鋼管のシャフト式ガス化溶融炉（焼却能力六〇トン／日）二基の建設が決まっており、二〇〇二年の操業開始とともに、現行の四施設はすべて廃止される。その中には有効に稼動している生ごみ処理施設も含まれる。

三輪町は丘陵に囲まれた谷間の農村で、豊かな水源に恵まれ、住民（約一万二〇〇〇人）は生活用水のすべてを井戸水に頼っている。中でも施設の建設予定地である栗田区は人口わずか九四三人、町が条例で「自然環境保全地域」に指定しているほど自然環境が優れたところだ。この美しい小さな町を、近隣市町村一二万人分のごみの受け入れ場所にするというのが広域化計画である。

施設建設計画そのものは一九九四年ごろからあったが、ここでも福岡県の「広域化計画」によって様相が変わってくる。組合は栗田区に「札束攻勢」をかけ始めたのである。建設の見返りに一時金一億六〇〇〇万円を、施設稼動中には（最長で二五年）毎年八〇〇万円を支給する、さらにそのほかの公共事業も優先的に行うなどの交換条件が提示された。自主財源の少ない人口一〇〇〇人足らずの町には、この額は大きい。

そのため栗田区長は地元の意見を集約するため臨時戸主会を開いた。しかし意見が激しく対立して採決できなかったため、区長は組合に対し、区検討委員会が出した賛成の答申書と、見直しを求める住民意見書の両方を提出している。折からダイオキシン類の危険性が社会問題化したことを受けて、住民の間には焼却炉に対する不安が生まれ始めていた。この栗田区もやはり区境にあり、周辺にはすでに二つの焼却施設が稼動しているなど「処分場銀座」である。この上新たな焼却炉ができれば、長期にわたって子孫がどのような影響を蒙るかわからない。そこで住民は組合に説明会を要請した。

説明会は一九九九年一一月と二〇〇〇年一月に開かれた。しかし住民側が事前に質問書を出していたにもかかわらず、組合は納得のいく答えを出すことができず、立ち往生する場面が続いた。組合はこの後、約束していた三回目の説明会も一方的にキャンセルし、提示を約束したデータも提出しなかった。

事業者が施設の安全性に関して、科学的・合理的な説明ができないとあっては、住民の不安が高まるのは当然である。住民は福岡県知事と厚生省に対し、組合が説明義務を果たすこと、そしてそれができるまでは計画の強行をしないよう指導を求める要望書を提出した。さらに、ごみ処理施設建設について日本鋼管・新日本製鐵・三井造船の三社による談合の疑いがあるとして、公正取引委員会などに対しても糾明を求める要請書などを提出した。

しかしこの間にも、三輪町は施設建設にむけて都市計画案の縦覧や、廃掃法に基づく生活環境アセスメントの縦覧などの手続きを粛々と進めていた。これに対し住民側も見直しを求める多数の意見書を出すなど抵抗したが、建設を焦る組合は、廃掃法の設置届を出さないまま造成工事に着手してしまった。

住民はただちに（二〇〇一年一月二二日）、施設の建設と操業を差し止める仮処分を求め、福岡地裁に申請した。その理由は「ダイオキシン」一本に絞っている。焼却炉からのダイオキシン排出が避けられないこと、それの人体への影響の深刻なこと、組合が施設の安全性について立証責任を果たせないでいること、したがって施設建設によって、ダイオキシン被害は避けられず、周辺住民の生活権・人格権が侵害されるという組み立てである。

これ以外にも「広域化」はさまざまな行政上、法律上の問題を投げかけているが、この仮処分申請のように、まず施設の安全性が証明されないうちは着工させないという理論で、差し止めを求めるケースは増えるだろう。焼却炉ができてからでは、取り返しがつかない。なお二〇〇一年三月五日に行われた第一回目の審尋で、組合側は安全性を根拠づける資料をそろえるのに二カ月かかる、と逃げている。つまり彼らは安全性を証明するデータをもっていない疑いがある。

④ 離島に押しつける大規模焼却炉
――長崎県のごみ処理広域化計画

長崎県でも事態は深刻だ。たくさんの島々と複雑な海岸線に囲まれたこの県にとって、ごみ処理はひとつ間違えると大きな汚点となってはねかえってくる。しかしここでもすでに「長崎県ごみ処理広域化計画」は動き始めている。

この計画で県の中央・南部の三市二一町の自治体は、「県央・県南ブロック」としてごみ処理を広域化することになった。そこには潮受け堤防の「ギロチン」ですっかり有名になった諫早湾を抱える諫早市や、火山の噴火で大きな被害を受けた島原市などが含まれる。二四にものぼる、人口も生活も社会条件もまったく異なる市町村をひとつにまとめるもの、それは強力な指示命令系統と、事業に伴うカネである。その指示書である広域化計画は、現在の六〇基の焼却施設を段階的に減らして、最終的には七ブロック、九基にする予定だ。目標規模はおおむね三〇〇トン／日程度の全連続式で、必然的に一つひとつの施設が巨大なものとなる。

中でも島嶼部においては、「離島地区は可能な限り大規模な焼却施設の設置を図り……もって生活環境の保全や効率的な廃棄物処理の実現を目指す」という。ひとつの完結した生態系をもつ島においてこそ、極力焼却を避け、ごみを自然に返す処理法を選択すべきだが、何しろ長崎県は二〇〇〇年四月まで環境アセスメントの条例さえなかった「環境後進県」である。ここでも「技術と施設」「大型公共事業」に走り、第二、第三の「ギロチン」を作るつもりなのだろうか。

この広域化計画に応えて、離島である対馬ブロックでは「先進地」を視察した後、受け入れを表明したと伝えられている。ごみ処理施設を地域活性化につなげたいとのことだが、汚染施設が地域活性化につながるという考えは大いなる幻想で、むしろそれが原因で住民が減少することを心配した方がいい。ごみ処理施設に多額の補助金や条件がつくのは、それが危険施設であることを意味しており、問題が明らかになれば、人は速やかにその土地から逃げ出す。全国どこでも、焼却場や処分場のある地域の住民は、「できれば逃げ出したい」という気持ちと必死で戦っているはずだ。

もちろん長崎県でも「広域化」に反対する住民の動きも多く、各地で予定地変更や住民同士の対立も報告されている。前述の県央・県南ブロックではすでに、二市一五町設立の「県央県南広域環境組合」が建設手続きを始めているが、当初の建設予定地は強い反対にあって、福田町に移さざるを得なかった。

同組合はメーカーも機種も開示せずに、環境アセスメント調査を行い、二〇〇二年中の操業をめざしているが、地域住民はこれに対して、「大型ごみ焼却場建設に反対する諫早市民団体協議会」などを設立し、座り込みや署名活動など活発な抗議活動を行っている。二〇〇〇年九月二六日付の長崎新聞は、西彼《さいひ》町役場前でごみ処理場の見直しを求める住民の抗議行動を大きく報道している。林立するプラカードの多くに書かれているのは、「いやだ　やめて」という言葉だ。このような直截的な表現でしか、ごみ行政に対する国民の不信は伝えられない。

2 大型・高度化を推進する厚生省

1 計画へのゴーサイン
——厚生省の「広域化」通知

ここに紹介したのは、今各地で進行中の、「ごみ処理の広域化」をめぐる紛争の、ほんの数例にすぎない。同じような事例が、現在、全国の市町村で一斉に起こっているのである。それなのにほとんどの市民は「広域化計画」のことを知らない。その大本で、厚生省がごみ行政を大転換したということも、まったく知らされていない。この異常な情報過疎は何が原因なのか。

「広域化計画」は一九九七年五月の、厚生省の一課長通達でもたらされた(「ごみ処理の広域化について」衛環一七三　厚生省生活衛生局水道環境部環境整備課長通知＝以下「広域化」通知)。本文は八行ほどと短い。その要旨は次の通りだ(傍線筆者)。

「平成九年一月に策定された新ガイドラインに基づき、ごみ処理に伴うダイオキシン類の排出削減を図るため、各都道府県においては、別添の内容を踏まえた、ごみ処理の広域化について検討し、広域化計画を策定するとともに、本計画に基づいて貴管下市町村を指導されたい」

「別添」としてつけられたのは、「広域化の必要性」と題した六項目の文章、計画の様式や作成例、それに計画を策定するための手法や留意事項など、すぐにも使える具体的な手引きである。計画のねらいは、市町村の保有するごみ処理施設を、順次、大型の全連続炉に統合させようというものだ。その規模は「可能な限り焼却能力三〇〇トン／日以上（最低でも一〇〇トン／日以上）」と大きい。都道府県はこの規模の施設を設置できるよう、「市町村を広域ブロック化すること」としている（市町村の反対により、規模は後に「一日一〇〇トン以上」と改定された）。

「広域化」に必要な市町村のまとめ役、広域化の推進役、監督役にあたるのは都道府県だ。都道府県はそれだけでなく、ブロックごとの施設整備計画の策定、ダイオキシン類の調査と予測、広域化が完了するまでの過渡期の方策、ＲＤＦ（Refuse Derived Fuel ごみ固形化燃料）の利用先などの調査、各ブロックにおける進捗状況の把握、管理……などもすべて行うこととなっている。それは、これまで市町村の事務とされていたごみ処理の権限を都道府県に移し替えるという、中央集権的なごみ行政の大転換である。

計画期間は平成一九（二〇〇七）年まで。提出期限は原則として年度内の一九九八年三月末までとされていた。都道府県はさっそく市町村の意向調査やヒアリングなどを行い、期限内に計画を策定し、厚生省に報告した。中には前述の神奈川県や三重県など、「広域化」を先取りする形で準備を進めていたところもある。実施されれば住民は大きな影響を受けることになるが、この政策転換は市民には完全に伏せられたままだった。こうしてわずか六カ月で、全国のごみ行政は市民が知らないまま、大きく「広域化」へ転換してしまったのである。

なぜ「広域化」なのか、厚生省は次の六項目をあげている。

「広域化の必要性」

1　ダイオキシン削減対策

今後新たに建設されるごみ焼却施設は、原則としてダイオキシン類の排出の少ない全連続炉とし、安定的な燃焼状態のもとに焼却を行うことが適当であり、そのために必要な焼却施設の規模を確保することが必要である。

2　焼却残渣の高度処理対策

焼却残渣に含まれるダイオキシン類を削減するため、特別管理一般廃棄物として指定されているばいじんだけではなく、焼却灰についても溶融固化等の高度処理を推進する必要があるが、焼却残渣のリサイクルの観点からも、積極的に実施することが適当である。

3　マテリアルリサイクルの推進

リサイクル可能物を広域的に集めることにより、リサイクルに必要な量が確保される場合があるので、これによりマテリアルリサイクルを推進するとともに、焼却量の減量化を図る。

4　サーマルリサイクルの推進

ごみ焼却施設を全連続式とすることにより、ごみ発電等の余熱利用を効率的に実施することができる。これによってエネルギー利用の合理化を図るとともに、地球温暖化の防止にも資することができる。なお、サーマルリサイクル推進の観点からは、ごみ焼却施設は、焼却能力三〇〇トン／日以上とすることが望ましい。

5　最終処分場の確保対策

大都市圏では既に広域的な最終処分場の整備が行われているところであるが、今後はごみ焼却施設の広域化と併せて、焼却灰等を処分する最終処分場の広域的な確保を図る必要がある。

6　公共事業のコスト縮減

近年、公共事業のコスト縮減の必要性が高まっており、当省としても「厚生省関係工事費用縮減対策に関する行動計画」を定め、平成九年四月二一日付衛計第63号をもって通知したところである。高度な処理が可能で小規模なごみ焼却施設等を個別に整備すると多額の費用が必要となることから、可能な限りごみ処理施設を集約化し、広域的に処理することにより、公共事業のコスト削減を図る必要がある。(厚生省通知「ごみ処理の広域化について」)

この文章は以後、各地で一斉に作られた広域化計画において、あたかも「基本理念」のような形で使われている。しかし官庁がこのように「必要性」という言葉を使うとき、それは科学的・論理的な裏付けを意味するものではなく、単なる事業推進のかけ声であることが多い。広域化計画はごみ処理に関わるあらゆる施設を対象とする。ざっと数えただけでも焼却施設——ガス化溶融炉など「新世代型」を含む——、ＲＤＦ化施設、ＲＤＦ燃焼施設、溶融固化施設、粗大ごみ処理施設、ごみ発電施設、最終処分場、汚泥再生処理センター、リサイクルプラザ(代表的な施設としては空き缶選別・圧縮機、空ビン選別、容器洗浄装置、チップ化施設など。これに地域住民の利用を前提とした紙すき、廃油石けんづくり、リフォーム教室などの工房、リサイクルや減量のＰＲ・展示施設を含む)などがあげられる。事業が実施された場合の経済効果を考えれば、むしろこれは「産業界の必要性」と読むべきだろう。

2　広域化の前提——「新ガイドライン」通知

しかし厚生省としてもいきなり広域化計画を打ち出したわけではない。「広域化通知」の半年前に、別の通知ですでに「広域化」の必要性を述べている。

広域化通知に記されている「平成九年一月の新ガイドライン」というのがそれで、正式名は「ごみ処理に係るダイオキシン類の削減対策について」。通知本文よりも別添の「ダイオキシン・ガイドライン」、通称「新ガイドライン」として有名だ（以下、本書でもこの通称を使う）。

新ガイドラインはその後、市町村のダイオキシン対策のバイブルとなった感があるが、問題は通知本文の方である。これはダイオキシン類の排出削減のため、「技術的に可能な限り」の対策をとれ、という行政命令だ。広域化計画の前提でもあり、すべてがこの新ガイドラインから始まった。少し長いが、その核心部分はおおむね次の通りだ（傍線筆者）。

1〜3省略

4　ごみ焼却施設の新設に関しては、以下の点に留意されたいこと。

①新ガイドラインに適合した全連続式焼却施設を整備し、新ガイドラインに沿って適切な維持管理を行うこと。またごみ焼却施設の新設に当たっては、焼却灰・飛灰の溶融固化施設などを原則として設置すること。

②都道府県は、市町村と調整のうえ、ダイオキシン削減対策のためのごみ処理の広域化について検討し、広域化計画を作成するとともに、計画に基づいて市町村を指導すること。広域化計画には次の内容を含められたいこと（内容は目的・対象地域・スケジュールなど、略）。また焼却灰・

飛灰の溶融固化施設、最終処分場、し尿処理施設等の広域化についても計画に含めることができること。市町村は都道府県の作成する広域化計画に従い、広域化を推進すること。

③ＲＤＦ（ごみ燃料）化施設の導入による広域化も有効と考えられるが、利用先でのＲＤＦの燃焼に当たっては、新ガイドラインに示す廃棄物の焼却と同様の措置が講じられることを確認する必要があること。また、他人に有償で売却できないＲＤＦは一般廃棄物に該当するので、その取扱については十分注意する必要があること。

④今後、国庫補助のあり方について検討することとしていること。

5　ダイオキシン対策を推進するに当たっては、継続的なフォローアップが不可欠であり、以下の点に留意されたいこと。

①市町村はダイオキシン類の排出濃度を原則として年一回定期的に測定し、結果を踏まえ必要に応じて対策の見直しを行うこと。なお、測定データについては、積極的に公表すること。

②都道府県はダイオキシン等に関する知見・対策技術等の情報を収集し、市町村に対して情報提供や技術的援助を行うこと。また広域化の推進状況をフォローアップし、市町村に対する指導を行うこと。

6　ごみ焼却施設については、平成十年度以降を目途に、広域化などダイオキシン対策の推進に資する施設整備を重点として政策的に誘導することとし、全連続以外の施設については原則として補助対象外とする方向で検討していることに留意されたいこと。
①補助対象施設
・既設焼却施設の基幹改良
・全連続式焼却施設の整備
②補助対象外施設
・准連続式焼却施設および機械化バッチ式焼却施設
・固定バッチ式焼却施設
（一九九七年一月二八日　「ごみ処理に係るダイオキシン類の削減対策について」衛環二一　厚生省生活衛生局水道環境部長通知）

通知本文はこのほか、新ガイドラインに準拠する施設の構造基準・維持管理基準は今後正式に基準化すること、既存施設でダイオキシン類の排出濃度基準値八〇ngを下回っていても、速やかに恒久対策を実施することなどとしている。要は今後、新ガイドラインに従わない焼却炉は作れないぞ、補助金は出さんぞ、ということだ。別添の新ガイドラインは、この通知本文に対する技術的裏付けとしての意味がある。しかしその内容は科学的な技術論ではなく、副題の「ダイオキシン類削減プログラム」という表現が示すように、ごみ処理のあらゆる段階における、ダイオキシン削減の方向性を示す総花的メニューにすぎない。それが指し示している方向は、ごみ処理には今後、総合的・広域的処理が必要であり、そのためには全連続炉の導入しかないということだ。ちなみに内容は次の通り。

第一章　背景と経緯、このたびの取組、今後のごみ処理体系、効果の見込みなど
第二章　緊急対策の判断基準と恒久対策の基準
第三章　ダイオキシン類を削減するための方策
第四章　既設のごみ焼却施設に係る対策
第五章　新設のごみ焼却炉に係る対策
第六章　ＲＤＦの適切な燃焼
第七章　焼却灰・飛灰の最終処分に係る対策
第八章　ごみ処理施設における作業環境の改善
第九章　今後の課題

新ガイドラインは、緊急対策として、すべての焼却施設において排ガス中のダイオキシン類濃度を八〇ng-TEQ/Nm³とすること、恒久対策として、新設炉においては〇・一ng-TEQ/Nm³、既設炉においては〇・五ng-TEQ/Nm³とすることとしている。これらの規制値は、一九九六年六月に厚生省の

「ダイオキシンのリスクアセスメントに関する研究班」が出した「当面のTDI（耐容一日摂取量）値、一〇ng-TEQ／kg／日」を指標に導き出したものだという。

このTDIの妥当性を証明するものはない。本来ならゼロでなければならない「地上最強毒物」に、許容量、許容限度を示すTDIをあてはめることが問題である（もちろん日本だけでなく、多くの先進国が同様の数値を採用している。なお日本は、一九九九年七月、ダイオキシン類対策特別措置法の成立とともに、四pg／kg／日と改めた）。なおこの後を追うように、同年八月「廃棄物焼却に係るダイオキシン類削減のための規制措置について」通知でも、新設炉で〇・一～五ng-TEQ／Nm³、既設炉は二〇〇二年までは八〇ng-TEQ／Nm³、それ以降は処理能力に応じて一～一〇ng-TEQ／Nm³にすることを求めている。

この規制値を達成するために、厚生省が考えたのが「間欠炉に比べ規模が大きく、安定的に二四時間運転を行う全連続炉」に集約する（広域化する）という方法だった。試算によれば、二〇年後の二〇一六年、すべての焼却炉が全連続炉に置き換えられると、全国の焼却炉から排出されるダイオキシンの量は二〇ng-TEQ／年と、ほぼ一〇〇％（九九・六％）削減することができるとしている。

3　なぜ、全連続炉か

厚生省があげている全連続炉のメリットは、①ごみが集まることにより、ごみ質が均一化しやすく、安定的な燃焼が可能となり、ダイオキシン類の生成抑制が期待される、②一定量のごみを二四時間連続で供給できるので、ダイオキシンの生成を低く抑えることができる、③燃焼の安定化によって排ガスの性状や量も安定するので、集じん器の維持管理や高度処理が容易になる、④ガス冷却設備を活用して熱供給や発電に利用できる、などである。

「そのため、今後新たに建設される焼却施設は、原則として全連続炉とする」としているが、既設炉についても、安定燃焼、連続燃焼できるような運転管理と、ダイオキシンを除去できるような「改修」を求めている。特に「ダイオキシン類の生成防止と吸着除去に有利」として、ろ過式集じん器（バグフィルター）の設置を勧めている。しかし厚生省の本音は、次の文章が示すように、小型炉を改修して長く使うより、さっさと新型、大規模炉へ建て替えろというところにある。

「小規模施設では安定燃焼や排ガスの高度処理が困難であることから、恒久対策として大規模施設への集約化を図る必要があるが、緊急対策をより効果的に進めるためにも、施設ごとの対策だけではなく、複数施設又は複数市町村間にわたる広域的対応について検討する必要がある」（「新ガイドライン」）

めざすのはあくまでも集約化、大型化、連続化、広域化であり、老朽化した施設や、大改修が必要な施設については、近くに全連続炉があれば、そこでの処理も検討するように勧めている。

新設炉については、この「全連続型」に加えて、「新技術」の導入を「誘導」している。たとえば排ガスを「無害化」するための急速冷却装置や排ガス処理施設、ダイオキシン除去装置などの「高度処理」に加え、原則として廃熱回収ボイラーを設置しなければならず、発電装置も「極力設置すること」としている。そのほかに「設置が望ましい」「有効である」「採用が必要である」とされている装置は、ざっとあげただけでも、自動起動停止装置、自動ごみクレーンなど定量供給装置、解砕や破袋のための前処理装置、自動積み替え装置、攪拌装置、自動燃焼制御装置などだ。そこで暗に提示されているのが、後述する「ガス化溶融炉」の採用だ。

また焼却灰や飛灰の処理には、溶融固化方式や加熱脱塩素化処理が有効だとして、新設・既設にかかわらず、灰溶融炉の設置を義務付けた。ダイオキシンを大量に含む焼却灰・飛灰を高温でガラス質のスラグに固め、路盤材などに活用する。これで灰の量を三分の一に減らすことができ、処分場の延命化につながるというのである。ただし溶融固化施設はコストもかかり、大量のエネルギーが必要なので、ある程度まとまった規模――つまり「広域化」――が必要だとしている。それも人口の希薄なところほど必要だというのである。

「全連続炉での焼却を行うためには、ある程度のごみ量が必要となるので、ある程度の人口規模が必要となる。このため、人口の希薄な地域においては広域化が必要となる」(「新ガイドライン」)

「ある程度の規模」とは、前述の通り三〇〇トン／日以上、最低でも一〇〇トン／日以上である。人口の少ない農村や、交通の不便な山村部、離島などがむしろ広域化が必要な地域とされている。離島など広域化が無理な場合には、ＲＤＦ化施設などを検討するように半ば強制している。

以上のように、新ガイドラインは、ダイオキシンなど有毒物質がごみ処理施設から排出することをはっきりと認めた上で、それを新技術と新施設によって「無害化」するというものだ。それはこれまでのごみ行政とはまったく異なる、いわば技術者の仕事で、もはや行政の守備範囲を超えている。

しかしこのような政策を打ち出すからには、技術の有効性が証明されていなければならないし、法律との整合もとられていなければならない。ところが各地の紛争を見るかぎり、広域化計画はまったく住民に知らされておらず、信任も得ていない。最も問題なのは、技術における安全性が確認されていないということだ。それなのになぜ市町村は「広域化計画」を受け入れてしまったのだろう。

＊――n（ナノ）は一〇億分の一（10^{-9}）、P（ピコ）は一兆分の一（10^{-12}）。ＴＥＱは、Toxic Equivalents、毒性等価換算値のこと。ダイオキシンには多くの異性体があり、それぞれ毒性の強さが異なる。そのため最も毒性の強い「2・3・7・8・テトラクロロジベンゾパラダイオキシン」の毒性を一として、その他の異性体の毒性を毒性等価係数（ＴＥＦ）によって換算した量。

Nm^3は、ノルマル立法メートルのこと。気体は温度や圧力で体積が変化するため、〇℃、一気圧に換算した状態をＮで表す。

たとえば、八〇ng－ＴＥＱ／Nm^3は、〇℃、一気圧に換算した場合のダイオキシンの毒性等価換算値が十億分の八〇グラムであることを示す。

第Ⅱ章

「広域化」の何が問題か

1 違法な通達行政――補助金で地方行政をしばる

1 通達とは何か

市町村が広域化計画をあっさりと受け入れてしまったのは、それが納税者にまったく知られていない制度――「通達」行政システム――によって、国から強要されたからである。「広域化」は技術的な問題、法的な問題、社会的な問題と多面的な問題を抱えるが、まずはこの「通達」の違法性を指摘しておかなければならない。

「通知」や「通達」は本来、文字通り「お知らせ」にすぎない。中央省庁はこれを法律の解釈や手続き、留意事項などを伝達するために用いてきた。それは法令ではなく、法令に基づいてもおらず、一般市民に対しては何の強制力もない（「法的効力がない」）という。しかし公務員に対しては上意下達の示達命令として、職務上の義務を課すことになる。いわば通達は、行政組織の内部でだけ強制力をもつ伝達手段だ。それがいつのまにか、補助金とセットで、法律よりも強力な公共事業推進の手法となったのは、公金から利益を求める産業界と、ＯＢの保身を求める官界の利害が一致したことによる。本来、国が関わる法定事業（法律に定めのある公共事業で、国家予算などが支出されるもの）は、国が法律の形で方針を打ち出し、それに基づいて都道府県が基本計画を作り、市町村はそれを受けて実施計画を策定し、国や県から補助金を受けて事業を行う、という流れになっている。その手続きは厳密で、補助金の額はもちろん、割合や利率も法で定まっている。

ところがこの法定の手続き通りにやると、省庁に提出する資料は膨大な量にのぼるし、時間もかかる。箇所《かしょ》づけ（事業の場所を決めること）や予算の審議のためには国会を通さなければならない。当然ながら大型公共事業には多くの裏金が動き、闇に置いておきたい事情もあるが、国会ではそのようなことが暴かれる危険性もあり、下手をすれば予算が通らないこともある。事業をあてにしている人たちにとって、これは避けたい事態だ。そこで登場するのが法定外の「長期計画」や「通達」という行政手法である。こうして官僚は、手続きに時間がかかる法定計画はペーパープランのままにしておき、閣議決定ひとつで巨額の補助金を動かせる通達を用いて、実際の事業を進めるようになった。特に田中角栄の列島改造論の時代からは、数年にわたる事業枠を確保していく五カ年計画や、七カ年計画などのさまざまなタテ割りの長期計画が、通達とセットで横行するようになった。悪しき「計画経済」の始まりである。

しかし「通達」が法令ではなく、法律の改廃でもないということは、国会の審議も要らないし、国会議員に知らせる必要もないということだ。行政組織内部だけの示達の手続きであるため、国民の耳に届かないのはもちろん、代議士、国会議員でさえ、通達の中身を知る者はごく少数にすぎない。こうして日本では、政府の重要な政策決定や事業命令は、国会を通さず（法律の改正ではなく）、通知・通達で「下知」することがすっかり定着するようになった。

国民の監視を逃れるために考案された巧妙な官僚制度、それが通達行政である。どこにも監視システムがない中で、法律の枠外で補助金をどれだけばらまけるか、事業量をいくら増やせるかが、官僚の有能さの証となっていった。本来、国は市町村に直接命令することはできない。それにもかかわらず、補助金事業を確保するために、通達は何の歯止めもなく、市町村に押しつけられるようになったのである。それも都道府県から直接、市町村の担当職員に下ろされるため、首長は中身を知らない場合も多い。広域化計画のように地方自治体としての政策決定が必要なものでも、首長のところに知らせが届くのは、計画がほとんど定まった後である。

日本の市町村がいつまでたっても「自立」できない理由のひとつが、この悪しき補助金事業の存在だ。市町村の職員を取材して、彼らの国・県への隷属意識の強さに、少なからず驚かされることがある。地方自治体には強固な「自治権」が与えられているにもかかわらず、カネで支配されているという事実が、地方公務員の資質も意識も変えてしまうようだ。

しかし「通達」が法律ではないということは、それによって行われる通達事業にも法律的根拠はないということになる。法的根拠のない事業はいわば違法行為であって、明確に違法・不当で、無効なのだ。地方自治法は第二条一六項で「地方公共団体は、法令に違反してその事務を処理してはならない」と、市町村の事務が「法律の範囲内で」（憲法九四条）なければならないことを規定しているし、裁判所もこの考えを認める判例を出している（たとえば、昭和二九年一〇月、自治省通達「学生の住所は郷里にある」〈昭和二八年六月〉を違法とした最高裁大法廷判決は有名）。血税を用いて行う公共事業は、必ず明文化した法令を根拠としなければならないのは、法治国家の原則である（公共事業は無数の「行政行為」で成り立つが、「行政行為」は法に基づいて行うことが要件で、内容的に法に適合していなければならない）。法令外で通達などを利用して事業を行うのは、無法の時代でなければあり得ず、納税者に対する背任行為である。

ところが通達が法的根拠、法的効力をもたなくても、下級官庁にとっては行政組織上の命令であり、従わないわけにはいかない、そうしないと職務上の義務違反に問われる、というのが役所の「慣例主義」である。誰も文句をつけないかぎり、「慣例」は成文法の上座に居すわり続けることだろう。

もちろん市町村は「通達は市町村の自治権を侵し、違法である」として拒否することはできる。しかしそこに「補助金」がからむとなれば、どれだけの自治体が胸をはって拒否できるだろうか。通達事業は違法である。しかし補助金と組み合わせることで、事業推進の大きなよりどころとなっている。

納税者には許せない通達行政だが、その便利さを知り尽くしている業界側、特にゼネコンや金融機関などにとっては、手放すわけにはいかない政官財利権システムなのである。一番の利点は、誰の目にもつかず、誰にも文句をつけられず、税金で事業ができることだろう。中央省庁はこれらのことをすべて承知した上で、この法定外補助事業システムをありとあらゆる分野で多用している。

通達事業は、すべての省庁が抱えているが、全体像は誰にもわからないし、調べようもない。それは産業界に直結した官僚組織の存続――利権を握る人脈の系列――に関わるため、情報が外に出にくいからだ。中には「秘密通達」なるものまであって、これは国会議員さえ入手不能とささやかれている。公務員の守秘義務は今や私的な利益誘導に使われているといっていい。

二〇〇一年四月に施行された情報公開法も、情報をいかに公然と消滅させるかに心を砕いた跡が見え、とても役に立つ代物ではなさそうだ。その前に、中央官僚はとっくに、重要な情報ほど文書を「作らず、残さず、悟られず」という回避手段を開発している。通達事業のような国民の目に見えないシステムで、国家予算のかなりの部分を闇に流し、特定の企業を肥え太らせ、そこから政官界に資金を還流させてきたのが日本の政治のあり方だ。政官財の癒着は社会のあらゆる部分に及び、無関係なところを探すのは無理なほどだが、そこに産業界、財界のメンバーが顔を見せることはない。

2 「新ガイドライン通知」の違法性

違法な手段で伝えられた計画は、中身もまた違法となることは避けられない。新ガイドライン通知の違法性を受けて、広域化計画も全面的に違法である。

厚生省は新ガイドライン通知で、市町村が都道府県の作成する広域化計画に従い、広域化を推進するよう義務付けている（20ページ4―②）。法定外命令を通して国や県に従うよう市町村に強制するのは、明白な憲法違反ではないか。

国家行政組織上、市町村（基礎自治体という）は、国や県から独立した行政組織として、不可侵の地方自治制度を憲法（第八章）で保証されている。

その憲法の精神と、古来の地域共同体の精神を受けて立法化されたのが地方自治法であり、その本旨が住民主権であり、地方の自治独立なのだ。これは戦前の中央集権制度に対するもので、第二次世界大戦に国家総動員法などを成立させ、国民全部を巻き込んだ、「国家としての過ち」を繰り返させないための、いわば永久的な歯止めでもある。地方自治法が市町村など「地方自治体の憲法」といわれるのは、このような背景があるからだ。

したがって実質的に市町村の自治権を奪う「広域化計画」は、地方自治の本旨に背き、憲法に違反するばかりか、地方自治法にも違反する。その「違法性」を認識しているからこそ、厚生省は、都道府県を介して市町村が「自発的に」広域化を策定するよう、政策誘導しているのだ（後述）。

新ガイドライン通知（＝広域化計画）は廃棄物処理法にも違反する。なぜなら一般廃棄物に関する処理権限は市町村にあることを、廃棄物処理法（第四条）も、地方自治法（第二条）もはっきりと規定しているからだ。住民が出すごみの収集・処理は、日常生活に密着した行政サービスとして、市町村が行うことになっているが、これを市町村の「自治事務」という。行政範囲が狭い市町村では、市民が出すごみは住民の発意工夫によって、大幅な減量もできるし、環境に害を及ぼさない処理の可能性も大きくなる。

国や県はこの市町村の自治事務に口を出すことは許されない（二〇〇〇年四月の地方分権一括法施行以前は「固有事務」と呼ばれていたが、事情は同じである）。したがって都道府県が一般廃棄物処理に関わる計画（＝広域化計画）を策定したり、それを市町村に押しつけたりすることは、廃掃法に違反する。この一九九七年という年には、厚生省はもう一本の違法通知を出している。一二月の水道環境部長通知で「廃掃法等の一部改正について」（衛環三一八）と題されている。その主要部分は次の通り。

「前略――各都道府県及び政令市におかれては法改正及び基準強化の趣旨、目的等を踏まえ、改正された法に基づく規制の円滑な施行に努められるとともに、周辺地域に居住する者等の同意を事実上の許可要件とする等の法に定められた規制を越える要綱等による運用については、必要な見直しを行うことにより適切に対応されたい」（傍線筆者）

多くの市町村が指導要綱で、開発許可には住民同意を条件にしているのを見直させようという通知だ。この年の改正で、事業者による生活アセスメントや、認定業者からの報告徴収、関係住民からの意見聴取など、基準を強化し、罰則を強化したから、法に従えばもう大丈夫、というところだ。もちろん本音は市町村が独自の行政指導を行うのをやめさせ、同意条項を削除させるのがねらいで、地方自治の実質的切り崩し命令だ。さすがにこの通知に素直に従った自治体は多くはなかったようだが、住民の同意が施設建設の一番大きいガードであることを中央省庁はよく知っている。

あまり認識されていないことだが、たかが「ごみ処理」とはいえ、その処理の権限をもつこと――自治事務――は、実は民主主義そのものといっていい。広域化計画はこの点でも、憲法に違反する。

それなのに市町村は簡単にこの自治事務を手放し、広域化計画を受け入れてしまった（例外はない、というのが筆者の取材に対する厚生省の回答だ）。その理由のひとつが前述の通知に示唆された「補助金」である。新ガイドライン通知（21ページ参照）は補助対象施設をはっきり制限しているが、これは「広域化に乗って全連続炉を作らなければカネは出さんぞ」と脅しているに等しい。これでは焼却処理が必要ない市町村まで、補助金欲しさに「広域化」に走りかねない。しかも「広域化」の事業範囲は、焼却炉だけでなく、下水処理から処分場まであらゆる施設に及ぶ。人口数百の村が何万都市のごみの最終的な受け皿になっても、いったん広域化に参加してしまえば、そこから抜け出すのは難しい。

廃掃法施行以来三〇年、ごみ処理施設の多くは改築時を迎え、市町村はその高額の建て替え費用の捻出に頭を抱えている。そこに突然加わったのがダイオキシン対策だ。何しろその費用は既設炉の「恒久対策」で数億から数十億円、新型の高温溶融炉になると、関連施設も含めてごみの処理量一トンあたり一億円といわれている。「広域化」に乗りさえすれば、その建設費の四分の一から三分の一が補助されるというのだから、財政難で苦しむ市町村にはありがたい。

他の市町村と共同して施設を設置するという方針も、あるいは責任を分散できると受け止めたところもあっただろう。たとえ廃掃法に違反しようが、自治事務が奪われようが、昨今の地方行政はとにかく目の前の財政問題さえ片づけられれば、後はどうなろうとよい、という考えなのだろうか。

日本の貧しい政治風土の中で、「民主主義」は根付きもしないうちに、枯れそうになっている。今、本当に問われているのは、まさにその根付きかけている「地方自治」や「住民主権」なのだ。

3　地方分権一括法違反

しかし二〇〇〇年四月の地方分権一括法の施行で、事情は変わった。

国の通達は地方の自治権を侵害するとして違法とされ、もはや発することはできない。地方自治法がようやく本来の形で生かされ、純然たる地方の、生活者の政治をめざせる時代がやって来たのである。過去に発せられた通達でも、現在の地方分権一括法に抵触するものは、即刻取り消されなければならない。

「新ガイドライン」通知は前述のように、補助金のカットをにおわせて市町村に広域化計画を受け入れるよう「強要」する、違法通知だ。しかも法令ではとてもできないような、特定の施設の設置を義務付けることさえ平然とやっている。それらの施設の安全性・有効性が確かめられているわけでもない。

「新ガイドライン」を通達に添えることで、いかにもそれらしく見せかけただけだ。……これだけ条件がそろえば、地方分権一括法に照らすまでもなく、この通知は取り消さなければならない。

ところがこれは表向きのことである。通達はあくまでも「レベル」によるので、補助金を伴わない「技術的助言」ならOKというのが厚生省の見解である。企画法令係のM氏の説明は次の通りだ（二〇〇〇年一二月聞き取り）。

「通達がこれまで通りではなくなった、というわけではありません。内容にもよりますが、これまではレベルにかまわずやっていた。当然法令やスキームで示す部分まで通知でやっていたので、それはなくすことにしたわけですが、根本的には変わりません。自治省とは性格が違う。あそこは市町村の事務ばっかり扱っているから、彼らが出す通知と厚生省の通知とは内容が違う。通達行政には法的根拠がなく、部長や課長レベルでやっていたが、今後はレベルによります」

つまり地方分権一括法施行後も、通達システムは相変わらず健在なのである。広域化通達も「技術的助言」として生き延びており、取り消すつもりもないらしい。今後は各都道府県が策定した広域化計画が、市町村のごみ処理行政における上位計画としてそびえることになる。「地方分権」のかけ声の下での中央集権の強化、これが日本の「地方分権」の実態だ。

しかし、このような「広域化」の違法性に気づく人は少ない。一括法施行後に「広域化」を拒否した市町村があったとの話もついぞ聞かない。それどころか二〇〇〇年六月、厚生省はこの通達に合わせて、廃棄物処理法を大きく修正（改悪）してしまった（後述）。法と通達の逆転現象は、通達こそが「実体法」であることを示している。これこそたてまえと本音のうずまく日本の政治の真髄であり、カネ（補助金）の力である。一般市民は「通達」の存在そのものさえ知らない。しかしこのような政治的・社会的不公正が、市民に深い政治不信を植え付け、社会全体の活力を削ぐ結果となっている。樹木に寄生した宿り木の枝葉が異常に生い茂り、肥大して、樹木そのものを倒そうとしているように。違法性を自覚しながら広域化計画を進める裏には、戦後日本を支配してきた「守旧派」の生き残りをかけた戦略があるのではないか。公共事業で潤ってきた彼らが、地方分権制度ができたからと、やすやすと既得権を手放すはずはない。手放すくらいなら、もっと正直な、まともな政策を打ち出していたはずだ。変革期を迎えて彼らがねらったのは、地方分権以後も、なお国が事業の決定権を握っておけるようなスキームづくり、つまり中央集権の生き残り作戦だった。厚生省が二年ほどの間に、廃棄物行政に関る通達を矢継ぎ早に発し、突然の「ダイオキシン騒動」の登場を待って、いきなり「広域化計画」を打ち出した一連の動きを追っていくと、そのような疑いが頭をもたげてくる。

2 ごみは減らない――全連続炉のもたらす未来

1 燃料としてのごみ

このような背景から打ち出された広域化計画に、環境保全や安全性、人権などを期待しても無理な話だ。特に「高温連続炉」が市町村にとって、またそこに住む住民にとって、最良、唯一の道であるかのようによそおって整備を急がせているのは、人権侵害といっていい。

市町村が広域化計画を受け入れたのは、補助金のせいもあるが、何よりもこれが「ダイオキシン対策」として打ち出されたからだ。ほとんどの市町村にとって、ダイオキシン問題は未経験の事態であり、対処の方法などあるはずもなかった。当然、新ガイドラインに記載された技術の有効性を確かめられる能力もない。知識のない者は、上からの命令をいわれるままに受け入れるしかない。

説明すべきは技術を開発し、政策を立案した中央省庁と産業界側にあるのだが、新ガイドライン通知には技術の正しさや有効性の証明については、ひとことも書かれていない。ただし「全連続炉」にいたった思考経路はびっくりするほど単純だ。ダイオキシン類はプラスチック類（特に塩ビ）を比較的低温（三〇〇℃前後）で焼却したとき、最も大量に発生することが知られている。プラスチックの生産・焼却が野放しの日本で、最大のダイオキシン発生源となったのが、市町村や一般家庭の焼却炉だった。

市町村の焼却炉の多くは「バッチ炉」と呼ばれる一日八〜一六時間運転のタイプで、毎日、炉の火を立ち上げたり、止めたりしなければならない。これらの炉は、いったん冷えると立ち上げに時間がかかるため、完全に火を消さず、埋火《まいか》運転する場合もある。そのたびに炉温が低下し、ダイオキシンを高濃度で生成させる「魔の温度帯」を往復していたのである。

そこで誰もが思いつく簡単な対策がある。危険な温度帯を避けて、焼却炉を常に高温で運転させるという方法だ。ダイオキシン（2・3・7・8・テトラクロロジベンゾパラダイオキシン）の分解温度は七〇〇℃以上ということが知られているが、「広域化」では燃焼温度を八五〇℃以上としている。ガス化溶融炉や灰溶融炉となると燃焼温度はさらに高く、一二〇〇℃以上にもなるが、厚生省はこの高温をもって「無害化」の証としているのである。

「全」連続炉という表現は、一日二四時間、三六五日休まずに運転するところからきた呼び方で、「広域化」で「全連続炉」を義務付けたのは、基本的にこの単純発想に基づいている。しかし炉温とダイオキシン発生には直線的な関係はない。それはひとえに「何を燃やすか」――ごみの質――に大きく関わっている。しかし実用炉において、その相関関係を確かめるすべはない。そのためにわざわざ猛毒・分解不能のダイオキシンを発生させるわけにはいかないからだ。

ダイオキシンの発生や挙動はいまだに未解明で、くわしいことは何ひとつわかっていないといってもい。そのことはほかならぬ新ガイドラインもはっきりと認めている。有効な対策としては、とにかくダイオキシンを発生させる可能性のあるもの——特に塩ビ製——を燃やさないということに尽きる。この基本的な発生源対策に目をつぶったままの厚生省の「全連続炉」政策は、かえって恐ろしい事態——ごみの増加と環境中のダイオキシンのさらなる蓄積——を招くことになる。

なぜなら全連続炉の運転には「ごみの確保」が絶対条件だからだ。高温炉ほど運転停止で受けるダメージは大きい。急激な温度変化が故障や破損、機能低下を招くだけではない。炉が大規模になるほど、炉温低下によるダイオキシンの発生量も増大するからである。それを避けるには、毎日二四時間、一年三六五日、休みなく高温炉を運転し続けなければならない。そのために、常に大量のごみを安定供給する必要がある。厚生省も新ガイドラインでしきりに「ごみの確保」を呼びかけている。

「間欠的な運転から連続的な運転に変更する場合、焼却するごみの量が、安定的な燃焼を確保するために必要な量を下回るおそれがある。このような場合にあってはごみの負荷が適正な範囲に入るよう、複数の施設を一定期間ごとに交互に使用するなどの調整を行う必要がある」（「新ガイドライン」傍線筆者）

つまり、「広域化計画」によって、ごみには俄然、燃料としての必要性と価値が生まれる。燃料としてのごみはもはや「廃棄物」ではなく、「資源」に化ける。すでにRDFや溶融スラグなどが、似たような扱いを受けており、引き取り手がなければ「廃棄物」だが、有償で引き取られれば「資源」とされている。

厚生省の「サーマルリサイクル」というPRの本当の意味は、「ごみを燃やしても、その発生熱を利用すれば、廃棄物処理ではなく立派なリサイクル」ということだ（業界側はこれを「熱エネルギー回収」などと表現している）。燃料としてのごみを燃やせば燃やすほど、廃棄物としてのごみは減るというわけで、サーマルリサイクルというのは中央省庁特有の言い抜け、言葉遊びにすぎない。余熱を利用した発電施設やプールなども、高温大量焼却によって生じる廃熱を捨てないというアピール事業にすぎないのだ。しかし「燃料としてのごみ」の安定確保は、実はそれほど簡単ではない。前述の通り市町村のごみは、廃掃法で原則「自区内処理」が義務付けられており、足りないからといって、簡単に他の自治体のごみをかき集めることはできないのである。

「広域化」は実にこの「燃料としてのごみ」不足を解消するために導入された。対象範囲を「広域化」することで、ごみが自治体の垣根を越えて移動できるようにしたのである。しかしそれは市町村から一般廃棄物処理の権限を奪うことを意味している。つまり中央省庁は、ごみに関する市町村の自治権を取り上げないかぎり広域化はできないこと、そしてその権限を奪うことは廃掃法違反であることを、十分認識していたのである。だからこそ広域化計画は廃掃法の改正ではなく、通達で下ろされたのだ。

また、広域からごみを集めることで、ごみ質を平均化させるというねらいもある。ごみの質や量、処理の事情は、市町村によって大きく異なり、旺盛な消費を反映して生ごみの割合が多い大都市では、収集の遅れはただちに環境悪化につながる。しかし過疎の進む町村ではごみの絶対量そのものも少ないし、生ごみなどは自家処理——土に返す——している地域も多い。

このような地域の事情をすべて飲み込んで一律化しようというのが「広域化」だ。運搬距離が長くなろうが、中継施設が必要だろうが、ごみ質が違おうが、必要なのは量である。とにかくこの大量焼却システムがいったん動き出すと、簡単に停止させるわけにはいかない。分別も資源回収も不要となる。リサイクルプラザなどは住民をだまらせるアメにすぎない。燃料不足が予想されるのに、使い捨て商品はダメ、分別しようなどとはいっていられないのだ。広域化計画がまったく「発生抑制」（ごみそのものの量を減らそうとする努力）に触れていないのは、そのような事情も十分ふまえてのことである。

こうして全連続炉は市町村のさまざまな事情にも、ごみの中身にも頓着せず、すべてを貪欲に取り込んで燃焼し尽くす。それはついでに住民のごみに対する意識も焼き尽くす。生ごみもペットボトルも、廃材も車も、冷蔵庫も、何でもかんでもかき集めて焼却を続けなければならない。住民がその気楽さに慣らされるのは時間の問題だろう。現代人はルーズさに流されやすい。

全連続炉を動かし続けるために、ごみの量を減らしてはいけない。

「ごみ処理広域化」の結論はここに尽きる。それは私たちが戦後五〇年にしてやっと気づき、変えようとしている大量生産・大量消費・大量廃棄という社会システムへ、再び戻ることを意味する。安心して捨てられるとなったら、誰が新しいものを買うことをためらうだろうか。誰がいつまでも古いものにこだわるだろうか。

2 ごみが足りなくなる日

二〇〇〇年六月七日、朝日新聞は「ごみ足りない！」という見出しで、東京都の清掃工場が「ごみ不足」に悩んでいる実態を報道した。官民あげての努力でごみが大幅に減り、せっかく作った大型焼却炉が一部停止する事態になっているという記事だ。新江東工場では三つの六〇〇トン炉が全部稼動したのは、全操業日数のうち二五パーセントにすぎない。杉並工場でも三つの三〇〇トン炉をもちながら、一年のうち約三カ月は一炉しか運転していない。ごみ発電による収入も激減し、東京二三区の全施設の処理能力は、すでに集まるごみを上回っている（一・二倍）という。ごみは大阪や名古屋でも減り始めており、他の市町村でもごみの増え方は確実に鈍っている……という具合だ。

ごみの量は景気変動に左右される。特に最近のごみ増加率の低下は、バブル後の平成不況による消費低迷が主因とされている。しかしさらに大きな要因は、ダイオキシン問題や地球温暖化などの危機意識から、市民の行動パターンが変わったことだといっていい。「分別収集」をきっかけに、排出ごみの量が大きく減っている自治体も多い。「現代人はルーズ」とはいえ、適正な誘導策があれば、決まりを守るのも日本人のいいところだ。適正な政策を打ち出せば、市民の出すごみ――一般廃棄物――の大幅減は可能だ。

自治体側でも五〇パーセント削減など、はっきりと数値目標を打ち出している市町村もあるが（鎌倉市など）、一見不可能に見えるこの目標も、ちょっとした努力で達成可能だ。なぜなら市町村の中には、施設の焼却能力をそのままごみの排出量と読み替えているところが多く、結果としてごみの量を過大に見積もっているからだ。厳密に測定すれば、ごみの減少傾向はもっとはっきりととらえることができるだろう。

この背景に、まもなく人口減少という要素が加わることになる。急速な老齢化と出生率の低下によって、人口が減少に転じる時期を二〇〇七年ごろとする予測が多いが、それは戦後の日本が初めて直面する重大なターニングポイントとなる。労働人口・消費人口の減少から、経済活動が縮小するのは避けられないし、当然、一般廃棄物の量も減少する。他のさまざまな社会システムも手直しを迫られるだろうし、もはやこれまでのような経済成長だけに頼る国家・社会の運営は不可能だ。このような社会・環境問題、資源問題、人口問題などを冷静に考えあわせると、全連続炉を動かし続けられる期間はたいして長くはないはずだ。

「巨大な炉を作って、そのうち燃やすものは何もなくなる。そうなったときが一番怖い」という関係者もいた。各地でごみの取り合いが起きかねない。そうなると市民のごみ減量への努力など、不要どころかもの笑いになるのだ。

厚生省としても、この事態を予測していないはずがない。すべてのごみを飲み込む全連続炉が登場すれば、「燃料としてのごみ」不足がすぐに問題になるはずだ。そこで新ガイドラインは「可能な限り連続運転を長期化できるような運営」をするよう、繰り返しごみ不足に注意を呼びかけている。これが「広域化ではできるだけ分別した後の、本当に燃やすしかないごみだけを燃やす」というPRに矛盾するのはいうまでもない。それでも「燃料としてのごみ」が足りなくなるときは来る。それを予測しながら、厚生省はなぜそれに逆行する政策を打ち出したのだろう。

実は、厚生省には「燃料としてのごみ不足」への、表裏の対処法がある。第一は分別やリサイクルに回る「資源ごみ」もすべて焼却するという「全量焼却」策だ。集まりやすい古紙や古着などは、もともと全部を再利用しているわけではなく、かなりの部分が焼却されている実態がある。またかさばるプラスチックトレーやペットボトルなどは、保管に広い場所が必要なことから、現場から「焼却」の声があがるのは時間の問題になりそうだ。広域化計画にごみ減量の具体的施策がないという事実は、あふれたごみをやがて、すべて焼却で解決するという暗黙の意図があることを意味している。

二つ目はRDFの積極的活用で、これははっきり打ち出している。ごみを脱水、加工、成型して作ったRDFは、ごみ質が均一、長期保存可能、運搬しやすい、集約化して処理することも容易と新ガイド

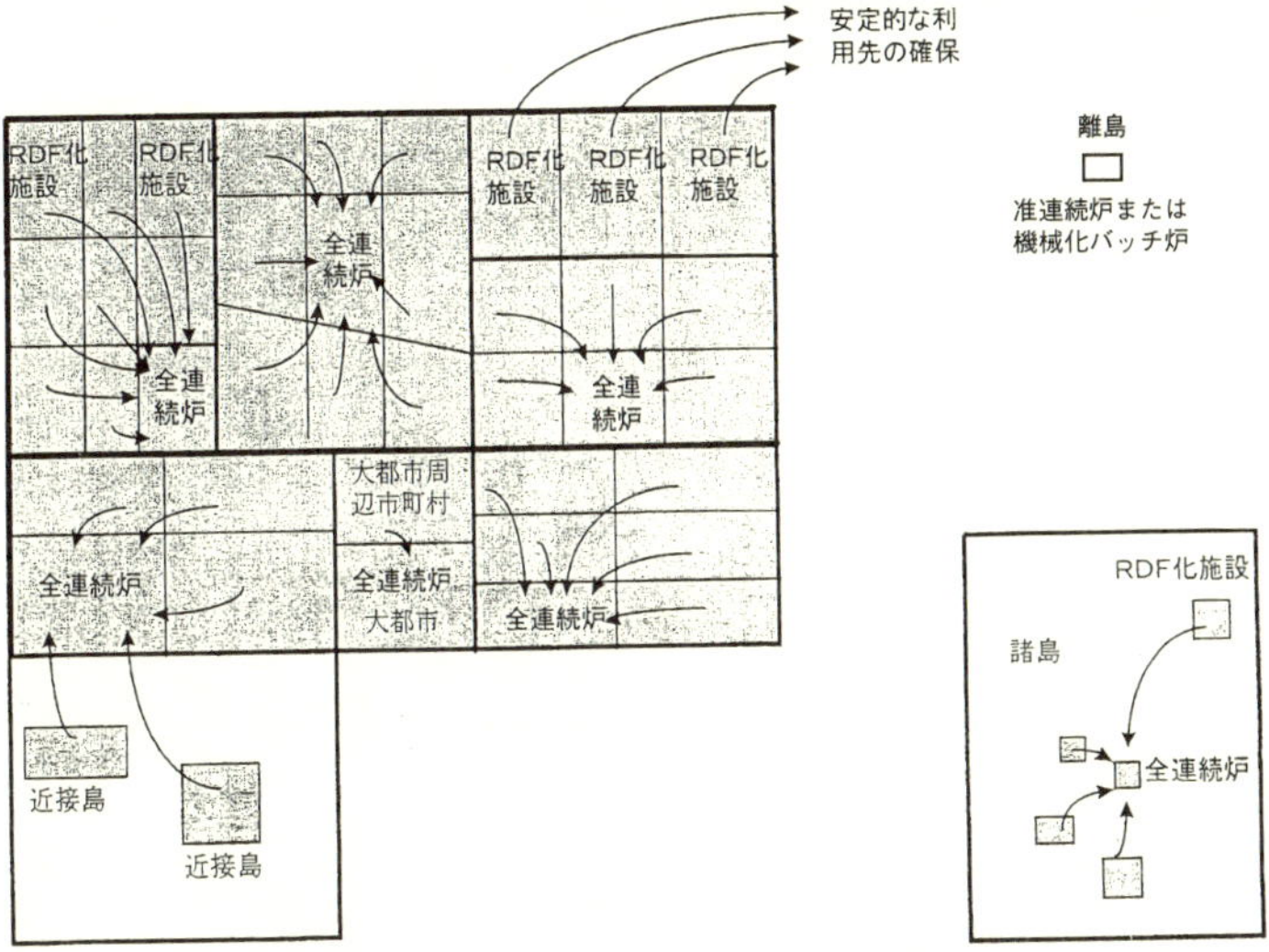

図１　ごみ処理の広域化のイメージ
この単純なイメージ図が現地に大きな混乱をもたらしている。

ラインでも高く評価している。特に発熱量が一kgあたり四〇〇〇キロカロリーと高いところが高温炉向きといえる（普通のごみは二〇〇〇キロカロリー／kg）。ただし燃料として使うときは、利用先が確保されていなければならない。もちろんこの場合、RDFは立派な「資源」だ。利用先がなくても、離島など「ごみとしての運搬が困難な場合には、個別にRDF化施設を設置し、製造されたRDFを全連続炉に運んで処理することを検討すべきである」と、半ば強要している。

　利用先が定まっていない場合、RDFは「廃棄物」だが、それでも高温炉の連続運転のために貯蔵させようという考えで、新ガイドラインの付属資料図には、全国にちりばめた全連続炉とＲＤＦ施設めがけて、各地からごみやＲＤＦを集中させる図が描かれている（図１）。その図に、豊かさや安心とはかけはなれた近未来的な不気味さを感じる人も多いはずだ。

とはいえ、何をどう加工しようが、ＲＤＦがごみであることに変わりはない。長く置くことによって湿気による腐敗、異臭、あるいは病原菌や、特定できない化学物質などが発生する可能性は非常に高い。製造に使用する大量の生石灰や消石灰の影響も考えられるし、さらに、ＲＤＦに付着、残留した不燃物や金属などが、思わぬ触媒となって、ダイオキシンやその他の有毒物質を発生させる可能性もある。廃棄物処理法の前身である「清掃法」の時代は、湿潤な日本の気候において、病原菌の発生を抑えるためにごみを焼却することを選択した。平成の廃掃法は、大量に生産された「モノ」を処理するために、ごみを保存する技術を開発し、かえって環境汚染の懸念を高めている。

「燃料としてのごみ不足」への対処法の三つ目は、産廃（産業廃棄物）と一廃（一般廃棄物）の混合焼却である。これもどこかに書いてあるわけではない。しかし各種法令や通達、それらの運用の実態、あるいは現場の取材から判断すると、事態は紛れもなくこの方向に進んでいる。広域化計画の隠された、それゆえ真の目的は、実に産業廃棄物を公費負担で公然と処理することである。全連続炉を停止させないため、足りない市民ごみの穴埋めとして産廃を焼却する。そこから熱を取り出して再利用すれば、産廃もサーマルリサイクルとして立派な「資源」に化けるというわけだ。納税者にとってはとんでもないごまかしだが、これはごまかしで成り立ってきた日本の廃棄物行政の「つけ」の最終段階である。ごみが足りなくなる日、それは市民負担による産廃処理が堂々とできるようになる日である。

3 消える産廃と一廃の垣根

しかし廃掃法には、れっきとした一廃と産廃という区分がある。それらを混合焼却するのは無理ではないかという指摘があるかもしれない。市町村が処理できるのは一廃だけで、両方を一括処理することは許されていない。

ところが「広域化」の進展とともに、廃棄物の区分は消える、というより消されてしまう。「広域化計画」によって、一般廃棄物に関する処理権限が実質上、都道府県に移るからである。都道府県は一方で、廃掃法（一一条）に定められた「産業廃棄物処理計画（五年ごと）」の策定者であり、産廃処理に関する許認可権を握っている。つまり広域化計画によって、都道府県は一廃と産廃両方の処理・監督権を手中にし、これまではできなかった具体的なごみ処理事業におおっぴらに乗り出せるようになったのである（これまでも「公共関与」の形で資金は提供していた）。その権限を生かせば、都道府県が一廃と産廃を混合焼却する計画を打ち出しても何の不思議もない。

産廃の発生量は一廃のざっと八〜一〇倍といわれる。厚生省の調べによれば、平成九年度で約四億一〇〇〇万トン（一廃は五三〇〇万トン、160ページ参照）。全連続炉の「燃料ごみ不足」を補って余りある。それが広域化計画になだれ込んでくるのは時間の問題だろう。今でも市町村は、産廃の一部を「あわせ産廃」「事業系一廃」などと称して安価で処理しているが、それが今後はもっと大規模に、かつ公然と行われるようになる。

すでに具体例もある。三重県はそれを現実化しつつあるのだ。同県は一九九八年一〇月に策定した「ごみ処理広域化計画」の中で、なんと産廃の処理施設である「廃棄物処理センター」の建設を堂々と位置づけてしまっている。

「焼却残渣、飛灰については、公共関与による廃棄物処理センターの設置による適正処理を図る。廃棄物処理センターの整備にあたっては、民間や市町村のモデルとなるように、可能な限り高いレベルの処理技術、安全性を追求した施設、減量化、再資源化等を図るための中間処理から最終処分まで行える施設、の整備を基本とする」(「三重県ごみ処理広域化計画」傍線筆者)

違法とはいえ、広域化計画はあくまでも市町村の一般廃棄物を対象としている。そこに堂々と産廃処理施設を書き込んだのでは、違法どころか無法である。処理センターでは特別管理一廃に指定されたばいじんなどの処理はできるが、それはあくまでも個別の自治体の依頼に基づいて行うことになっている(なお、二〇〇〇〈平成一二〉年六月の改正廃掃法は特管一廃に限らず、すべての一廃を受け入れるとした――後述)。それを法的根拠のない「広域化」と結びつけるのは、広域化の最大目的である産廃と

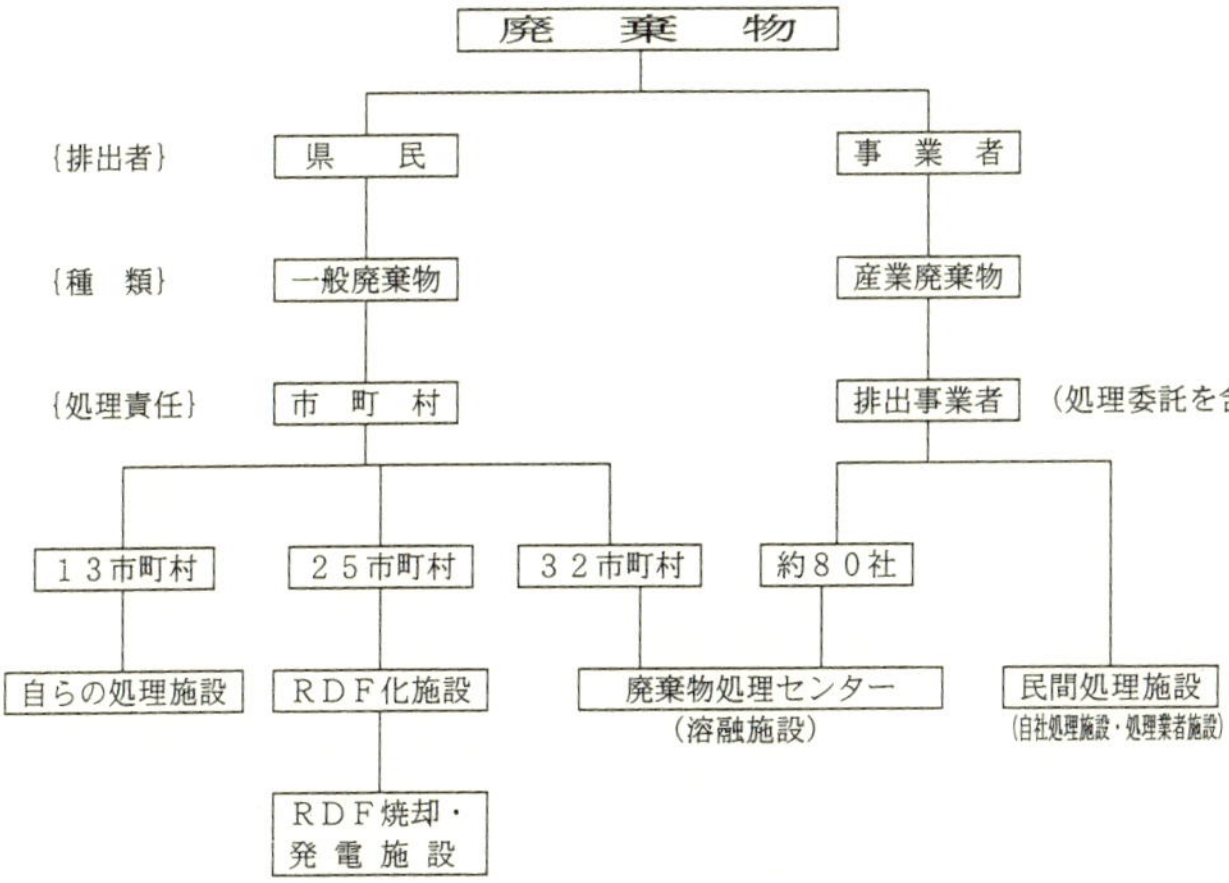

図２　廃棄物の処理

三重県では一般廃棄物も産業廃棄物も「公共関与」の廃棄物処理センターで一括処理される（三重県提供資料）

一廃の混合焼却へ道を開くという意図があるからにほかならない。フロー図（図2）でも、産廃と一廃が同じ溶融施設に行くことになっている。行き先が同じなら、わざわざ廃棄物を区分する必要はない。ねらいはそこにある。三重県は事実上、一廃と産廃の垣根を取り払ってしまったのである。

センターの事業主体である財団法人「三重県環境保全事業団」は、三重県と六九の市町村、三菱化学や東ソーなど六六企業が出資し、「公共関与の公益法人」として一九七七年に設立。それ以来、産廃の処分事業を行ってきた（一九九九年には厚生省が「廃棄物処理センター」として指定。廃棄物処理センターについては後述）。つまり三重県では、ごみを処理する側と、それを監督する側との間に、長年にわたる協力体制が築かれていたのである。県の計画を市町村が受け入れやすい下地があったといえる。

この関係は広域化計画づくりにも活用された。三重県は他県と異なる手法で計画をまとめている。まず市町村のアンケート調査や説明会を行い、その後、県内すべての市町村と一部事務組合の代表（多くは担当部課長級）を集めて広域化協議会を作り、そこに広域化計画を策定させたのである。県単独ではなく、関係者がみんなで策定したという形にすることで、責任者が不明確になり、後の批判をかわすことができる。市町村がそれぞれ自主的な判断で自治事務を手放したのだから、自治法に違反していない、という言い訳も成り立つ。もちろん内部から離反者が出ることを防ぐこともできる。

廃棄物処理センターは、事業団の最終処分場に隣接する谷二七ヘクタールを開発して建設される。施設は二四〇トン／日のガス化溶融炉と一七八万㎥の容量をもつ管理型最終処分場で、処理するものは産廃、そして広域化計画で約束した「自治体の焼却残渣の無害化、安定化を行う」と明記している。

「廃棄物処理センターが建設する溶融処理施設は、県下の焼却施設から排出される焼却残渣の無害・安定化を行うとともに、産業廃棄物の無害・安定化及び廃プラスチック等のサーマルリサイクルを行う計画である」（三重県環境保全事業団「アセスメント準備書」）

しかし四日市丘陵に位置する予定地には、すでに一三ヘクタール、埋め立て容量三八四㎥の規模をもつ、県下最大の小山処分場がある。そのわずか一〜二キロ北には桜新町、桜花台などの住宅地が広がり、谷には手白川水系に属する流れが走り、施設周辺は農村地帯だ。ここにもまた危険施設が集中することになる。

ところが「環境先進県」を自称する三重県は、センター計画が持ち上がった時点で、まだアセスメント条例さえ作っていなかった。国の指導でアセスメント条例を制定したのは、広域化計画を策定したわずか二カ月後の一九九八年一二月のこと。このセンター事業計画が条例適用第一号となった。

ところが環境事業団は、アセスメントでも徹底して情報を隠し通した。「機種が未定だから」と準備書にも評価書にも一枚の図面も載せていないし、予測評価の数値も「複数メーカーが出した諸元をもとに、環境への影響が最も大きい条件を採用した」だけである。施設の概要が何もわからないのでは紙上だけの実質を伴わないアセスメントというしかない。アセスメントの形骸化がいわれているとはいえ、施設の危険性を考えれば、情報の非公開は人の生命を危機にさらすことにつながり犯罪的である。

この例にかぎらず、「広域化」事業のアセスメントでは、新技術に関するノウハウの保護と称して企業機密を優先し、人命を軽視（無視）するのが通例となってしまっている。ちなみに筆者もこの件に関し、強く申し入れを行ったが、知事本人からの回答は得られなかった。事業団は今後、廃棄物の受け入れ基準を定め、埋立審査会を作って処理の方向を決めるという。実体のないアセスメントの先に適正な処理など望むべくもない。

三重県の関係者ぐるみのこの違法事業を、市町村はむしろ歓迎している。何しろ広域化計画にはすべてのブロックにおいて、「各自治体から排出する焼却残渣、飛灰は、廃棄物処理センターで処理する」ことが明記されているのである。これでは市町村が反対するわけはない。ある自治体の職員は取材に対し、神妙な面持ちでこう言った。「県が面倒を見てくれることになっています。ありがたいことです」と。「非常に助かります」とも。

三重県の北川知事は、原発計画の白紙撤回によって、「環境派」には受けがいいと伝えられている。しかしその一方ではRDF全国自治体会議の提唱、IT立県の推進、中部国際空港アクセス道路（伊勢湾横断道路）への肩入れなど、国の施策を直線的に地方に反映させる政策を次々に打ち出している。同県のRDFへの傾倒、環境保全事業団の実態、政治的に保守的な風土、地勢上の理由で清掃事業を行う一部事務組合が多いこと、それに知事の資質など、ごみ処理の広域化計画の「先進事例」となる条件は整っていたといえる。最近、知事が急に「産廃税創設」を言い出した背景には、それなりの複雑な事情がありそうだ。

4　なだれ込む産廃

「広域化」で一廃と産廃が混合焼却されると見るもうひとつの理由は、産廃と一廃の区分が明確ではないという実態があるからだ。特に現場においてそれらは区分しにくく、両者をへだてる垣根はもともと低い。これに市民の「思い込み」と「誤解」が加わり、その垣根はいつ崩れてもおかしくない状況にある。

実は私たちは「産廃」とはいったい何なのか、ほとんどわかっていない。そのイメージを問われたとき、頭に浮かぶのは粗大ごみ、あるいは個人や市町村では処理できない機械や金属を用いた商品、あるいは車とか工場の機械製品などではないだろうか。産廃問題に直面している住民以外には、「産廃」の中身はそれほど知られていない。

たとえば自動車を例にとってみよう。不要になった自動車は一廃か、産廃か？

正解は「一般廃棄物」だ。まさか、と思う人もいるかもしれないので、厚生省の答えを紹介しておこう。

「廃車をごみの日に出しても、自動車は基本的に一廃なので、法律違反ということにはなりません」

しかし廃車を粗大ゴミとして回収してくれる市町村など、もちろんどこにもない。では廃車を処理するのは誰か？　その処理のルートは二通りある。

まず適正処理として、所有者が廃車を下取りに出した場合、それは有価物であって廃棄物ではない。それを引き取った代理店が中古車として売り出せば、まだれっきとした「商品」だ。廃車手続きをすれば、車体は解体やスクラップに回される。この場合は「業者が入るので」、産廃となる。しかしそこから出た鉄くずや金属などは、買い手がつけばこれまた立派な「商品」である。最後に残った「くず」については、どう処理しているかは厚生省でも「わからない」そうだ。しかしそれも産廃とはいえないのではないかという。

次に不適正処理の場合はどうか。不届き者がいて、手続きに金がかかるのがいやだからと廃車をどこかに乗り捨ててしまったら、これはなんとまるまる一般廃棄物である。不法投棄はあくまでも排出者の責任であって、メーカーには責任を負わせないというのが、日本の廃棄物行政なのだ。大量の不法投棄事件はよく報道されるが、不法投棄された廃車で山谷が埋まるほどになっても、泣く泣く処理するのは地元の自治体である。その処分費用を負担するのもメーカーではなく、納税者だ。自動車の場合、生産から処分にいたるまで、車という商品そのものが「産廃」になることはない（実は廃車を粉砕処理して最後に残ったくず、「シュレッダーダスト」にはバッテリーから漏れた鉛など有害物質が含まれていることが多く、一九九五年からは事前選別した上での、管理型処分場への埋め立てが義務付けられている。年間に発生する廃車は約五〇〇万台、シュレッダーダストは一二〇万トン以上といわれているが、高額な処理費用をいやがって、あるいは不法投棄に、あるいは市町村の処理に回されている。経済産業省は二〇〇四年から車や電気製品のメーカーにシュレッダーダストの回収と処理を義務付ける方針だが、その費用は消費者の負担とされ、商品や製品に対する生産者責任は依然として問う気はないようだ）。

しかし廃掃法三条は、「事業者は、その事業活動に伴って生じた廃棄物を自らの責任において適正に処理しなければならない」としている。これをとらえて、「産廃は一〇〇パーセント生産者責任」と思い込んでいる市民が多いかもしれない。しかしそうではない。産廃は商品、品物の形をした廃棄物ではなく、特定の素材、物質に限られている。その形状は一廃と何ら変わりなく、市町村の処理場へ持ち込まれても、誰もはっきりと「これは産廃」とわかるようなものではない。

それでは産廃とは何か？ 廃掃法ではそれを「事業活動に伴って生じた廃棄物のうち、燃え殻、汚泥、廃油、廃酸、廃アルカリ、廃プラスチック類その他政令で定める廃棄物」（二―四―①）としている。具体的には、紙くず、木くず、繊維くず、ゴムくず、金属くずなど指定一九品目だ（廃掃法施行令二条、なお特別管理一廃と特別管理産廃については、ここでは触れない）。

これでもなお「産廃」のイメージははっきりしないことだろう。たとえば新聞紙を例にとってみよう。新聞社が排出する新聞紙は「紙くず」にあたり、もちろん産廃だ。ところが一般家庭から出る新聞紙は一廃である。形状はまったく同じ。

生ごみもそうだ。食品リサイクル法というのができるとのことだが、一般家庭から出た生ごみは一廃。ホテルや飲食店から出た生ごみは産廃。形状が違うわけではない。いずれも同じものを事業者が出せば産廃、個人が出せば一廃と呼ぶだけの話で、区別することの方が難しい。

それでは一廃とは何だろう。廃掃法の定めは実に簡単だ。

「一般廃棄物とは、産業廃棄物以外の廃棄物をいう」（第二条―二）

つまり、産廃として指定された品目以外は、すべて一廃として市町村がその処理を行うよう求める規定である。実は立法の段階ですでに、市町村に過大な責任を押しつけているわけで、法律の解説本になるとこの姿勢がもっと露骨になる。

「一廃は人の日常生活から排出されるごみやし尿、及び事業活動から生ずるものであっても環境汚染上の問題が少なく、一般的にみて市町村の処理能力をもって対処することが可能なもの」（『廃棄物処理法の解説』）

右は「事業系一廃」なるものの説明である。企業が出すごみも、市町村で処理できるものなら一廃として処理しろよ、というわけだ。このように企業のごみもできるだけ税金で処理する（市町村にまかせる）というのが、日本の廃棄物行政の基本である。この姿勢はれっきとした「産廃」の指定品目についても同じで、やはり自治体にまかせたいという本音が貫かれている。

第三章「産業廃棄物の処理」

（事業者及び地方公共団体の処理）

第一〇条　事業者はその産業廃棄物を自ら処理しなければならない。

2　市町村は、単独に又は共同して、一般廃棄物とあわせて処理することができる産業廃棄物その他市町村が処理することが必要であると認める産業廃棄物の処理をその事務として行うことができる。

3　都道府県は、主として広域的に処理することが適当と認める産業廃棄物の処理をその事務として行うことができる。（廃掃法）

これが有名な「合わせ産廃」の根拠である。市町村も県も、「必要と認めれば」産廃の処理を事務として行うことができる。これを読むと、「産廃は一〇〇パーセント企業責任」というのは、市民の素朴な思い込みにすぎないことがわかるだろう。廃棄物処理法では一廃と産廃の混合処理がやりやすい状況がすでにセットされているのだ。このことは、「廃棄物処理法」とはいいながら、「廃棄物」について明確に規定していないことと、表裏の関係にあたる。日本の廃棄物処理法は、すべての商品はいずれ廃棄物になるという基本原則を意識的に無視しているのだ。

産廃と一廃が分別しにくい実態とあいまって、このような企業に有利な法律上の規定のおかげで、多くの産廃が市町村に流れ込んでいる。事業者にしてみれば、産廃として専門の業者に処理を委託するより、事業系一廃として市町村に出した方が、はるかに安上がりだからである。

ところがこれらの産廃、事業系一廃、合わせ産廃などの正確な発生量は、どこもつかんでいない。権限のない市町村は当然として、都道府県も確実な数字をもっていない。都道府知事は五年ごとに「産業廃棄物処理計画」を定めるが、その数字がまったく信用できないのである。そこに出てくるのは、せいぜいがアンケートへの回答をもとにしたような統計で、あくまでも企業の自己申告にすぎない。しかもここで対象となるのはごく一部の企業で、不法投棄に回る量は含まれていない。

まともな数字を望んでも、調査する側に能力はなく、事態はあまりにも広がりすぎて、すぐには手のつけようがない。それに三重県の例で見た通り、監督する側とされる側との間にはすでに密接な連帯ができあがっており、それが実態を反映しにくくする。厚生省となると、ある程度確実な数値、実態をつかんでいるはずだ。しかし国のレベルでは、常に情報に非公開の壁がはりめぐらされているため、彼らがもつ情報・数値を市民が知ることはできない。彼らはその情報を手みやげに、業界・政界と密接に結びついている。

表向き厚生省は、産廃の適正管理の方法としてマニフェスト制度（173〜174ページ参照）やＰＲＴＲ法（「特定化学物質の環境への排出量の把握等及び管理の改善の促進に関する法律」一九九九年七月公布。環境汚染物質のデータの収集・公表を促す法律で、汚染物質の排出を規制するものではない）を導入してきた。しかしそれでもなお、闇に回る産廃をとらえることはできない（Ｖ章で触れるが、厚生省は二〇〇〇年六月の改正廃掃法に伴って施行規則を書き換え、企業の産廃排出状況の報告義務をなくしてしまった。二〇〇一年四月から、産廃は完全に野放しである）。特定の品目に限った産廃の指定制度はこのように、問題を非常にわかりにくくしている。把握されない分を加えれば、産業廃棄物の実態は報道されているよりはるかに深刻なはずだ。各地で起きている紛争も、処分場の立地不足も、不法投棄も、環境公害も、ほとんどが産廃問題である。

ところが「広域化」ではこれらの素性の知れない産廃さえも受け入れることができる。何しろ「燃料としてのごみ」は、廃棄物ではなく「資源」なのだ。資源なら多ければ多いほどいいという論理になってしまう。産廃は大手を振って広域の全連続炉に持ち込まれるだろう。誰もそれが産廃だとは気づかないからだ。こうして広域化で、「大量生産」「大量廃棄」のシステムは生き延びられる。

つまり、広域化は産業界をてこ入れするために、市町村に産廃を処理させようという計画でもある。もちろんそのためには、いくつもの法的バリアーをクリアしなければならない。そこでまずは市町村の行政区域という垣根を取り払い、次にもうひとつの垣根、産廃と一廃の区分を取り払う段取りなのである。そのコストを払わされる一般市民は、ますます生きにくい状況ができつつある。

3 ダイオキシンは消えない——高温溶融炉の技術

1 裏付けのないダイオキシン「高温分解」

ここまで来ると「広域化」の技術的な面にも疑惑をもたざるを得ない。主目的である「ダイオキシン対策」そのものへの疑問だ。広域化は本当にダイオキシン対策として有効なのだろうか？　全連続炉でダイオキシンが「分解される」ことは確かなのだろうか。繰り返すが、広域化計画はあくまでも「ダイオキシン対策」である。そのために厚生省はわざわざ特定の施設の設置を義務付け、さらに補助金まで約束しているのだ。であるからには、その技術の有効性と施設の安全性が科学的に証明されていなければならない。ところが、その証明がどこにも見当たらないのだ。各通知にも、新ガイドラインにも。

もちろん誤解もあり得る。そう思って厚生省と神奈川県に、ガイドラインについての疑問と、ガイドラインの根拠となった実験データ、資料、学術論文の類を教えてほしいと問い合わせた。

神奈川県はすぐに一九九四年の古い論文（「ごみ焼却飛灰の性状と処理技術の展望」廃棄物学会誌Vol.5）を送ってくれた。それが唯一の参考文献だという。古い上に、執筆者は新ガイドラインを作成した検討会の委員長、平岡正勝氏である。いわばうちうちの学者が、当時の将来展望について記した論文にすぎない。ダイオキシン対策としての有効性については回答がなかった。

政策を策定した厚生省（現環境省）は、川口順子環境大臣にあてた質問状に対し、環境省廃棄物対策課が「データはあるはずです。探しています」と答えてくれた。しかし一カ月も待たせたあげく、何を考えたのか、新ガイドラインを送ってよこしただけだった。まさにそれについて質問しているというのに。つまり実用炉段階でのダイオキシン対策の有効性を証明する科学的根拠は、公的には存在しないのだ。

「ごみ処理の広域化計画」は事実上、国策である。それに基づいて全国的規模で焼却炉の改修、建て替え、行政組織の組み替えが始まっている。中でも厚生省が力を入れて政策誘導しているのは、ガス化溶融炉である。これはまだ開発段階の、いわば実験的な施設であり、公共事業に取り入れるには危険すぎるとの指摘は多い。その技術の有効性について確証を求められれば、厚生省はその科学的根拠を公表し、説明する義務がある。何しろ市町村の役人の多くは、新ガイドライン通りにごみ処理を行えば、ダイオキシン退治は完了すると思い込んでいるのだ。しかし新世代型のガス化溶融炉で本格稼動しているものは一基（福岡県筑後市八女クリーンセンター、106ページ参照）にすぎず、その技術の有効性を前提にしての広域化計画には、根本的な問題がある。

高温炉とは焼却温度が従来の八〇〇℃以下に対し、八五〇℃以上のものをいう。これに「溶融」がついた「高温溶融」とは、ごみを一二〇〇℃以上（最高で一七五〇℃）の高温で溶融してダイオキシンを分解するという技術だ。高温溶融炉には焼却炉とセットで使う灰溶融炉と、一体型で灰溶融まで行うガス化溶融炉、あるいは直接溶融炉の二種類がある。いずれも焼却に伴って出てくる「灰」を溶かし固めて、その中に有害物質を封じ込めるという技術、「溶融」が売り物で、厚生省が誘導しているのがこの一体型のタイプである。ごみ焼却炉の残灰＝焼却残渣は重金属や高濃度のダイオキシンを含む毒物であり、廃棄物処理法でも特別管理一般廃棄物に指定され、管理型最終処分場への埋め立てが義務付けられている。それは焼却残灰（ボトムアッシュ）と飛灰（フライアッシュ＝ばいじん）に分けられるが、中でも飛灰の毒性が高いことは厚生省も認めている。

「焼却灰・飛灰に含まれて排出されるダイオキシンの量は、排ガスに含まれて排出されるダイオキシンの量より多く、排出合計量の八割から九割を占める例が多い。また、焼却灰よりも飛灰に含まれるものの方が多い」（「ガイドライン」）

欧米ではセベソ事件（一九七六年イタリアのセベソで起きたダイオキシン流出事故、209ページ参照）

などをきっかけに、一九七〇年代半ばには、ごみ焼却の危険性が指摘され始め、「脱焼却」が模索されるようになった。しかし厚生省が警告ひとつ出さなかった日本では、市民がごみ焼却や焼却灰に対して危険性を認識するのが大きく遅れた。古くから生活の中に炭や木灰などを取り入れてきた日本人は、そもそも灰に対してそれほど悪い感情をもってはいない。取材に対して、「灰は体にいいんだ。昔は肥料として使っていたくらいだから」と真顔で述べた高齢の職員がいたほどである。こうしてごみの焼却処理は続き、放置された焼却灰は長年にわたって土壌や水系を汚染し続けた。現在の深刻な土壌や底質などの環境汚染が、「焼却」と「残灰埋め立て」に固執してきた廃棄物行政の失敗から来たことはあまりにも明らかだ。厚生省がダイオキシン調査を焼却炉の排ガスだけに絞り、決して飛灰や処分場の土壌調査を行おうとしなかったのは、恐るべき結果が予測できるからにほかならない。

2 重金属を溶かし込む――灰溶融炉の問題点

この問題を根本的に解決するには、焼却に頼る処理を段階的に停止するしかない。ところが厚生省が選んだのは広域化――つまり焼却主義の強化につながる「技術」――だった。焼却灰や飛灰の毒性を認めた上で、その解決策として溶融固化するための技術導入を義務付けたのである。厚生省は一九九八年三月にも溶融固化物の一層の利用を呼びかけているが、これも灰溶融施設の建設を促進しろ、と言っているに等しい。

「溶融固化とは燃焼熱や電気から得られた熱エネルギー等により、焼却灰などの廃棄物を加熱し、超高温条件下で有機物を燃焼、ガス化させるとともに、無機物を溶融した後に冷却してガラス質の固化物（以下「溶融固化物」という）とする技術であり、重金属の溶出防止及びダイオキシン類の分解・削減にきわめて有効である」（平成一〇年三月通知「一般廃棄物の溶融固化物の再生利用の実施の促進について」）

「超高温」で再加熱された焼却灰にはもはや重金属やダイオキシンの心配はない。溶け残った無機物のうち、鉄とアルミは回収して再利用が可能、最後に残った物は冷やし固めてスラグ（溶融固化物）とする。スラグは成型してコンクリート骨材や路盤材として販売可能。溶融固化することで焼却灰の量は元の二分の一から三分の一に減り、埋め立て量も元のごみのわずか二〜三パーセントになるので処分場の延命化につながる、施設は独立式でも後付け型でもでき、コストも安く、操作もしやすい……だから灰溶融炉を設置し、積極的にスラグを使いなさいという指示である。

これだけいいことを並べられれば、義務付けがなくても行政関係者は灰溶融炉に飛びつきたくなるだろう。売り込み側も熱心である。焼却炉→灰溶融→スラグ→スラグの再利用、というルートが完結すれば、そこに新たな静脈産業が成立する。次にあげる文は溶融技術に関する業界側の出版物から抜き出したものだが、厚生省も前掲の一九九八年の通知に、この全文を掲載している。

「溶融固化技術の留意事項」
一、溶融固化は高温で、かつ被溶融物の相変化を伴うため、連続性・耐久性に十分配慮し、二次的な環境対策、安全対策にも留意すること。
二、あらかじめ対象となる廃棄物の溶融点を計測のうえで、炉内温度を概ね一二〇〇℃以上の高温に保ったうえで行うこと。
三、低沸点の重金属などがガス相に揮散しやすいため、バグフィルターなどの排ガス処理設備を設置すること、また塩化水素等の酸性ガス及びその他の有害成分に対しても規制値を満足するような適正な排ガス処理を行うこと。
四、捕集されたばいじんについては溶融固化、セメント固化、薬剤処理、酸その他の溶媒などにより安定化し、最終処分を行うかもしくは非鉄精錬原料として再生利用に努めること。
五、スラグの冷却を水冷で行う場合には冷却水の温度、pH、水量、水質等を適切に管理すると共に、冷却水の適正な処理を行うこと。
六、スラグの品質を安定させるため、焼却灰と飛灰の割合を均一化するなど廃棄物の成分に留意すること。（財団法人廃棄物研究財団「スラグの有効利用マニュアル」）

しかしこの留意事項は、はからずも「新技術」が抱える危険性とその管理の難しさを伝えるものとなっている。以下、灰溶融炉がどんなものか確認するために一項ずつ見ていこう。なおこの留意事項はガス化溶融炉にも共通しているらしく、溶融対象を「灰」ではなく、「廃棄物」としているのに注意する必要がある。

まず一は高温炉を停止させないよう十分な量の焼却灰を確保すべしという意味だ。一二〇〇℃以上にもなる高温炉の停止は、急激な温度低下で耐火材が亀裂などを起こし、そこから有毒物質の流出、あるいは爆発といった事態が起こりかねない。高温炉ではいったん運転を始めたら止めるわけにいかないのは、焼却炉も灰溶融炉も同じで、そのためにも常に大量のごみ（灰溶融炉の場合は焼却灰）が必要となる。もちろん事故にそなえた対策も不可欠だ。

そのため二では、ごみを灰溶融炉に入れる前に、あらかじめ溶融物が気体・液体・固体に移行する温度（相変化温度）をそれぞれ計測しておくこととしている。ごみの種類によっては炉温が急に上がったり下がったりするため、それを避けようというのだが、溶融するのは雑多な物質が不均一に混じり合った「ごみ」の残渣である。計測の仕方、条件、その割合が少しでも違えば、相変化の温度も、炉内の反応も違ってくる。それをふまえて温度を一定の高温に保つには熟練した技術が必要となるが、それでもやはり予想もしていなかった有毒物質が発生する可能性は非常に高い。相変化温度を測定しておいたところで何の気休めにもならない。

三の注意は高温溶融炉が化学反応炉であることに、改めて気づかせてくれる。灰に含まれる水銀や鉛、カドミウムなど重金属類と、塩化ナトリウムや塩化カリウムなどの塩類は、高温でほとんど気化して有害ガスと化すのである。それを捕集し処理するために排ガス処理装置、いわゆるバグフィルターを設けなさいというのだが、気化したガスの分子は非常に小さく、すべてを捕集することは難しい。また塩化水素など有毒な酸性ガスも発生するが、これを処理する中和剤（アンモニアなど）も、新たな汚染因子となって環境に影響を与える。しかもこれでいったい有毒物質の何パーセントが捕捉・中和できるのか、気化した重金属がどこへ行くのか、はまったくわからないはずだ。ところが新ガイドラインを読むかぎり、バグフィルターにひっかかってスラグに溶け込むのはごく「一部」にすぎないことを、厚生省はちゃんと認識しているのである。

「重金属類は排ガス中に揮散したのち、排ガス処理装置で捕集される溶融飛灰の中に濃縮され、スラグに移行した一部の重金属は網目構造の中に包み込まれて外部溶出防止が可能となる」（「新ガイドライン」傍線筆者）

次に、四の「捕集されたばいじん」とは溶融飛灰のことだ。灰溶融炉でも、焼却炉と同じように「飛灰」が生じるのである（特に「溶融飛灰」という）。しかしその毒性は焼却飛灰よりはるかに濃縮されて強くなるため、指定した四つの方法で処理し、埋め立てなければならない。それが新ガイドラインのいう「適正処分」である。

「溶融固化処理を行った場合、溶融飛灰が生じるが、これは比較的高濃度の重金属を含むことから、重金属の溶出が抑制されるようコンクリート固化などの処理を行い、適正に処分すること」(「新ガイドライン」)

四つの処理法とは、再び溶融炉に戻す「溶融固化」、コンクリートで固める「セメント固化」、キレートという特殊なプラスチックで固める「薬剤処理」、酸などによる「溶媒処理」である。このような処理を施さないかぎり、溶融飛灰は埋め立ても再生利用もできない。それほど毒性が強いのである。しかしコンクリートはいくら厚くてもいずれは劣化する。酸性雨が増えている昨今、劣化のスピードは速まることだろう。薬剤や酸もまた環境に影響を与えずにはおかない。非鉄精錬材料として山元還元《やまもとかんげん》(注:飛灰を鉱山の精錬工程に戻し、そこから再び亜鉛や銅などの非鉄金属を回収すること。鉱石から精錬するよりもコスト的に安いといわれている)にいたっては循環型という名による毒物廃棄策にすぎない。

五の注意は、スラグ成型には水質汚染が伴うことを示している。高温のスラグ(スラグの炉からの出口温度は従来型炉で四〇〇~五〇〇℃、ガス化溶融炉では一一〇〇~一二〇〇℃)を冷やすのには、水を使う水冷式と、空気中でそのまま冷やす空冷式(徐冷式)がある。空冷式には広い場所が必要で時間もかかり、さらに得られるスラグの粒径が大きく再加工が必要などの理由から、水冷式を採用するところが多い。

しかし水冷式に使用する冷却水は、クローズドシステム（閉鎖水系）で繰り返し循環させる間に、どうしてもスラグに含まれる重金属が溶け出し、濃縮していく。そこで冷却水も「適正処理」の対象となっているのだ（注：高炉メーカーI社によると、冷却水の量はスラグ一に対し約四倍。高温のスラグが冷却水の中に入ったとたん、熱によってかなりの水分が蒸発してしまうので水が大量に要るという。それを再び冷却温度に下げるには、循環させるための広いスペースが必要となる）。厚生省は溶出基準を六価クロム〇・〇五mg以下、鉛・カドミウム・砒素・セレンが〇・〇一mg以下、総水銀が〇・〇〇〇五mg以下（すべてリットルあたり）としている。本来は検出されるべきでない物質でも、これらの「目標基準」値以内なら出てもおとがめなしというわけだ（なおこれは総量規制ではない）。

「適正処理」後の冷却水は市町村の下水道に排水されることになっている。水ほど汚染が広がりやすく、それを感知しにくいものはない。匂いもなく、誰の目にも見えないが、やがて地下水や河川を通じて、重金属や毒物はどこかに蓄積されていくだろう。

六はこの重金属類の数値を下げるためのごまかしの勧めである。毒物として別個に管理すべきものをいっしょくたにし、できるだけ均一化して全体的に毒性を薄めようというわけだ。化学者・理学博士の上田氏（後述）の指摘では、高温炉の場合、ダイオキシンはむしろ温度が低いボトムアッシュの濃度が一番高いという。次が飛灰、排ガスの順だ。しかしこうやって混ぜれば、色も黒から灰色になって目の前から消すことができる。

こうして文書を注意深く読むと、焼却するものに留意しないかぎり、溶融スラグは再利用などできないといっているに等しい。これでは「無害化」「再利用につながる」などの文句はとても信用できない。

3　毒ガスプラントになりかねない――ガス化溶融炉

この灰溶融炉をさらに複雑、かつ大がかりにしたものが一体型のガス化溶融炉だ。関係者が「次世代型」と呼ぶこの技術を、廃棄物研究財団（後述）は次のように説明している。

「ガス化溶融とはごみを熱分解した後、発生ガスを燃焼又は回収するとともに、灰・不燃物等を溶融固化する技術であり、熱分解と溶融を一体で行うシャフト式（直接溶融炉）と、分離して行うキルン式又は流動床式がある。シャフト式ではコークス等の燃料やプラズマの熱又は酸素を常時与えて高温燃焼溶融する。キルン式では電熱管を介した間接加熱でごみを熱分解し、流動床式では加熱した砂などの流動媒体を介してごみを熱分解し、次工程の溶融炉で高温燃焼溶融する」（廃棄物研究財団「財団だよりNo.41」）

もっと簡単にいうと、ごみを低酸素下で直接的、あるいは間接的に高温加熱分解してガス状にし（「ガス化」）、未燃分を溶かし固める（「溶融」）という技術だ。同書は、これら「次世代型」には、従来型と比較して次のようなメリットがあると続けている。

---

①ダイオキシン類の発生抑制

一二〇〇℃以上の高温燃焼により、排ガス中のダイオキシン類濃度を〇・一～〇・〇一ng-TEQ／Nm³オーダーへ低減でき、また飛灰中のダイオキシン類も〇・一ngのオーダーまで低減できる。

②物質回収の推進

ガス化は五〇〇℃～六〇〇℃程度の比較的低温で行われるため、ごみ中の鉄やアルミなどの金属類は酸化されにくく資源価値の高い有価物が回収できる。

飛灰には鉛、亜鉛等の重金属が濃縮されていることから、山元還元の可能性が高い。

溶融スラグを有効利用することにより減容化率が高まる。

③熱回収の推進

溶融炉における低空気比高温燃焼により、発生排ガスを三割ほど削減できる。これにより熱損失を減少することができ、ボイラーの熱回収が高まり、発電効率が上がる。

④コンパクト化

ガス化炉と溶融炉が一体化することで設備がコンパクトになり、用地費、建設費が削減される。
（前掲書）

費用や立地さえ確保されれば、灰溶融炉よりもガス化溶融炉の方がずっと優秀、かつ「お得」なように聞こえるが、これはあくまでも業界サイドの説明だ。したがってデメリットは書いていない。ところが現に「広域化」を進めている市町村では、デメリットも有効性もはっきりしないこれらガス化溶融炉に、不思議なほど発注が集中している。新ガイドラインはガス化溶融炉を採用するようにと明記しているわけではないが、灰溶融炉を原則義務付けた以上、灰溶融炉を設置しないところは、一体型で灰溶融まで行う新世代型のガス化溶融炉を選択せざるを得ないのである。厚生省の「誘導」はこのように、市町村の行動に強力な作用を及ぼす。

しかしガス化溶融炉がいったいどのような技術であり、そこにどのような問題がひそんでいるかについて、何の考察もなく導入するのは、納税者にとって非常に危険な賭けではないだろうか。そこで先の説明項目に沿って、ガス化溶融炉のマイナス面を考察してみよう。

まず最大のポイントは、①の「ダイオキシン類の発生抑制」である。ガス化溶融炉で本当に発生が抑制できるかどうか、根拠もデータもあげていないのに、厚生省はできる、としている。新ガイドラインには次のようなくだりがある。

「……ダイオキシン類を削減するためには、焼却灰・飛灰の溶融固化、過熱脱塩素化処理などの高度処理によりダイオキシン類を分解することが有効である。溶融固化を行う場合、一二五〇〜一四五〇℃という高温状態とするため、ダイオキシン類は九九％以上分解される。このため、溶融スラグ中のダイオキシン類濃度はきわめて低濃度となる」（「新ガイドライン」傍線筆者）

これは灰溶融炉のＰＲだが、とにかく高温にすることですべてが解決できるという姿勢だ。ガス化溶融炉が従来の炉と最も違う点もその「温度」である。新ガイドラインでは、新設炉の条件を①燃焼温度は八五〇℃以上（九〇〇℃以上が望ましい）、②その温度におけるガス滞留時間が二秒以上、③煙突出口の一酸化炭素濃度は三〇ｐｐｍ以下、④安定燃焼、と改定している。温度が高いほど、またガスの滞留時間が長いほど、ダイオキシン類とその「前駆体」の分解に有利だとして、旧ガイドラインの八〇〇℃、滞留時間一秒を引き上げたのだ。さらに、次のような記述にも目を引かれる。

「従来炉よりも高い温度で燃焼する熱分解高温溶融技術が実用化されつつあるが、この技術においてもこの設計条件の適切な選択によって、同等のダイオキシン類削減が望める」（「新ガイドライン」傍線筆者）

九〇〇〜一〇〇〇℃以上を達成でき、溶融固化までできる施設、それがガス化溶融炉を指しているとは言うまでもなく、新ガイドラインの策定時点で、厚生省と業界は「新世代技術」の登場と採用を見越していたことがわかる。つまり新ガイドラインは、よく読めばガス化溶融炉の推薦文というわけである。

ガス化溶融炉の処理工程を簡単に見ていこう。まずごみを五〇〇〜六〇〇℃で加熱してガスとし、高温の焼却炉と二次燃焼室で完全燃焼させた後、排ガス冷却装置と、排ガス処理装置という二つの処理工程に送り込まれる。最初に通るのが排ガス冷却施設で、ここで排ガスは二〇〇℃以下に急冷される。この冷却方式にはボイラー式と水噴射式があるが、厚生省が原則義務付けたのは廃熱回収ボイラー方式である。それに付随して発電設備が設けられるからだ。

このごみガスの急速冷却の工程は、関係者も最も重要ととらえており、どのメーカーも「減温塔」の有効性を高めるのに必死だという。もちろん、例のダイオキシンが再合成する「魔の温度帯」を一刻も早く通過させるためだ。冷却工程は「新世代技術」の矛盾を端的に表すところで、ダイオキシンを分解するとの理由で、せっかく上げた温度を一挙に一〇〇〇℃ほども下げなければならない。それもぎりぎりまで排ガスを高温でキープし、その後、二〇〇〜六〇〇℃の温度帯を一気に通過させるため、ガス流をスピードアップできる設計が最も望ましいとされている。その温度帯で排ガスがボイラー内部のダスト（溶融飛灰・ばいじん）に触れると、高い確率でダイオキシンが発生するからである。

しかしこのことは、「ダイオキシンは死なない」ということを意味している。つまり、施設のどこかの過程で発生したダイオキシンは、いったん高温で分解するかもしれないが、それを合成する組成はガス化してもなお居残り、冷える際に適温にめぐり会うと容易に再合成するのだ（これを「デノボ合成」という）。急速冷却さえうまくゆけば、ダイオキシンは完全に分解される、なくなる、という単純な話ではない。

しかもこの冷却時に温度を下げすぎると、今度は「低温腐食」と呼ばれる事態が起きる。二〇〇℃以下になると排ガス中の酸性ガス（塩化水素や硫黄酸化物）と水分が反応して塩酸や硫酸となり、それが内壁に付着して金属を腐食させるのである。放っておけばガス漏れや爆発を引き起こす危険な反応で、低温腐食による事故は決して珍しい例ではない。

低温腐食を引き起こすのも、ダイオキシン発生源と同様、伝熱面についた微細なダストである。そのためボイラーはダストが堆積しにくい設計にすることが強調されている。そのほかにも定期的な内部清掃や、「スートブロウ」と呼ばれる装置を定期的に作動させて、たまった飛灰を吹き飛ばす（これを「スートブロウ・ハンマリング」と呼ぶ）ことが奨励されている。これは以前「すす吹き」と呼ばれていた作業だが、今はボイラーの蒸気や圧縮空気を用いて機械的に行う（なお内部清掃は人の手によるしかなく、今後、ごみ処理施設の労働災害が懸念される）。それでもボイラー内部に細かいダストが紛れ込むのは避けられない。また、どんなに複雑な装置を用いてダイオキシンの発生を抑制しようとしても、その組成が残っている以上、ダイオキシン再合成の可能性は消えないし、どんなに冷却のスピードを速めても「魔の温度帯」を通過しないわけにはいかない。

冷却されたごみガスは次に、排ガス処理工程に入る。前述のように、ガス化溶融炉は高温でごみを「ガス化」し、有毒と化したごみガスを「高度処理」する装置である。ごみガスには、ダイオキシンだけでなく、塩化水素、窒素酸化物、硫黄酸化物、ばいじん、重金属ガスなど、あらゆる有毒物質がいっしょくたになって入っている。この工程で、ガスはまず活性炭・消石灰などとともに集じん器に導かれ、バグフィルターを通される。猛スピードで冷却装置を突っ走ってきたガスは、今度はフィルターに引っかかりやすくするために、できるだけ速度を落とさなければならない。工程への入り口温度は二〇〇℃未満と設定されている。ダイオキシンの再生成防止の点からはさらに低温がいいとされているが（一五〇℃程度で低濃度が達成できる、としている）、なお低温腐食の危険性があるため、これ以上は温度を下げられないのだ。

排ガス処理工程ではさまざまな排ガス処理の技術を組み合わせて、ごみガス中の特定の有毒物質を順に除去することになっている。たとえば窒素酸化物には触媒脱硝法、塩化水素や硫黄酸化物などは乾式法、湿式法などだ。これらの除去技術はある程度確立されているが、ダイオキシン単体を除去する技術は確立されておらず、これらの装置にせいぜい活性炭を加えることで除去が「期待できる」としているにすぎない。まず塩化水素を除去するために開発された「乾式処理」方式の場合は、これに粉末活性炭を吹き込んでダイオキシンを吸着させるのだが、集じん器の入り口温度が低いため運転が難しいなどの問題が出てくる。

「乾式処理」に再加熱器、触媒塔などを組み合わせて、ダイオキシンの除去効果を高めたり、窒素酸化物の低減のためにアンモニアを加えたりする場合もある。

次に「湿式ガス洗浄装置」。これはもともと塩化水素の除去法だ。集じん器を通した後、この装置の洗浄液に活性炭を吹き込み、排ガスと接触させてダイオキシンを吸着させる。ただし、ダイオキシン濃度の高低によって、洗浄材料に移行したダイオキシンは次の工程に移行するおそれがあるらしい。

「活性炭系吸着塔」。これが厚生省お勧めのダイオキシン除去メニューだ。集じん器、湿式ガス洗浄装置、再加熱器を通った排ガスを、活性炭や活性コークスをつめた吸着塔に送り込んで、ダイオキシン類を吸着除去する。ここでも低温腐食が懸念されるため、温度は一三〇～一八〇℃にコントロールする必要がある。

「分解除去法」。集じん後の排ガスをチタン、バナジウム、タングステン系の触媒などを用いて分解する方法。ここは現在開発中の分野で、他の方法との組み合わせもできる。そのほか、必要に応じて中和剤、アンモニアが使われる……以上のような「高度処理」によって有毒物質などを洗い流した後、ごみガスはやっと煙突から大気に放出される。

このように、排ガス処理には大量の触媒・薬品が使われる。中でも多用されるのが活性炭だ。しかし活性炭を塗布した吸着材もバグフィルターも、使っているうちに吸着力が落ちるので、定期的に交換しなければならない。後述する財団法人かながわ廃棄物処理事業団では、焼却能力計二一〇トン／日の炉で年間五〇〇トンの活性炭を使用する予定だという。これらの排ガス処理に使用されたフィルターや活性炭もまた「特別管理産業廃棄物」に指定される、高濃度のダイオキシン汚染物である。ところがこれらの処理剤の処理方法は明確に決まっていない。おそらくそれを取り付けていたガス化溶融炉などで、ごみとともに高温溶融され、やがては前述のスラグの材料となるというケースが一番多いだろう。

ところで、このような複雑、かつ大がかりな排ガス処理を通して、いったいどれほどのダイオキシンが捕捉できるのだろう。新ガイドラインでは、「粒子状のダイオキシン」は、ろ過式集じん器で一〇mg／Nm³以下までばいじん濃度を下げられるとしている。しかし「ガス状のダイオキシン」については、「堆積ダスト層に吸着除去されることが期待できる」としているだけだ。「期待できる」というのは、「何もわかりません」と言っているのに等しいではないか。片方で施設建設を義務付けながら、この無責任ぶりはどうだろう。この逃げの姿勢は、ガス化溶融炉そのものが、実は巨大なダイオキシン発生装置であることを、省庁も業界も意識しているせいかもしれない。

新ガイドラインにははっきりと、「ダイオキシン類は、ボイラーを含む排ガス冷却過程からガス処理過程に至る間で合成される」と記されている。つまりこの装置は、わざわざ有毒物質を発生させ、それを「分解」「除去」するために巨額の税金をつぎ込むという、救いのないシジフォスの神話の現代版ではないだろうか。

いったんガス化したものを反応させるには、普通はそれを凝縮し、溶媒を使って溶解させる。気体のまま反応させようとしても濃度が薄くて効率が悪いためだ。

それをダイオキシン類の生成防止のために、あえて気体のまま反応させるというのが厚生省の選択である。ところがガス化した時点で、問題は「ごみ処理」よりも「有毒ガス処理」へと移り、何が出てくるかわからないため、装置はどうしても複雑化・巨大化する。それに工程すべてを通じて温度コントロールの難しさがつきまとう。設定された温度の許容範囲はごく狭く、航空管制局並みのコントロール能力が必要だ。それでもひとつ間違えれば、前門のダイオキシン、後門の有毒ガス・重金属となりかねない。

また「ガス化」によって起きる事故も多い。活性炭は温度によって発火することもあるし、有毒ガスの流出事故や爆発事故などはすでにヨーロッパで報告されている。ほかにも耐火壁の崩落、クリンカー(元の意味は溶鉱炉の中にできる不溶解物の固まり、この場合は溶融した灰が炉の内部にべっとりとついたものをいう)除去に伴う事故、作業員のダイオキシン被曝事故などが増えていくことだろう。それればかりでなく、長い年月かけて表れてくる住民の健康被害、遺伝的疾患、土壌や水質汚染も起こり得る。そのときになって、プラントメーカーや行政がはたして被害との因果関係を認めるだろうか。

ガス化溶融炉に代表される新世代技術は、予測と確率論の寄せ集めの上に作った発展途上の技術である。「ダイオキシンが九九％以上分解された」というのも業界筋の数字で、それを立証した実用炉はない。すべてをこれから実機で確認しようというのだ。安全性が確認されていない技術を公共事業に採用することは避けなければならない。

4　化学者の新ガイドライン批判

ダイオキシンの「高温分解」とは一時的分解にすぎないこと、ごみの焼却から煙突にいたるすべての工程を通じて、ダイオキシンはいつでも簡単に合成する可能性があることを論証してきた。そのことを厚生省も企業もよく知っている。

「ダイオキシン類は、ボイラーを含む排ガス冷却過程からガス処理過程に至る間で合成（再合成）される」（「新ガイドライン」）

だからこそ新ガイドラインには、ダイオキシンがゼロになるなどとは決して書かれていない。代わりに「発生抑制」「削減」「分解」「無害化」などの言葉を使っている。新ガイドラインをさらりと読んだだけで、「これでダイオキシン問題は解決」「発生抑制の技術が開発された」などと思い込む人も多いだろう。筆者を含め、化学の知識のない人は、「発生抑制」と聞くと、単純に「発生しない」と考える。「分解する」と聞くと、何の疑いもなく「なくなる」「消える」ととる。「無害化する」と聞くと、ダイオキシンの毒性がなくなることかと思う。何しろダイオキシンには七五からの異性体があるし、中には無害なものもあるかもしれないくらいの理解だ。

しかしよく読めば、新ガイドラインには論理的矛盾も多い。「発生抑制」したはずのダイオキシンを「九九パーセント以上分解する」と書かれると、待てよ、と思ってしまうのだ。世界的にも、ダイオキシンについては毒性以外、はっきりしたことはいまだに何もわかっていない。その発生過程を化学式に表すことはできても、実際の焼却炉の中で、ダイオキシンがどうやって生まれ、どういうふるまいをするかは、予測もできず、確かめることもできないはずだ。その点は新ガイドラインにも、「ダイオキシン類については、環境中の挙動も不明である」とはっきり書いてある。さらに、「ダイオキシンの測定は容易ではない」ともある。挙動もわからず、測定さえできないものを、どうやって取り除き、どうやって「九九パーセント以上分解する」ことを確かめたのだろう。

矛盾と疑問に頭を抱えていたとき、知り合ったのが化学者の上田壽氏だ。彼は私の細かな質問に対して、懇切丁寧な返事をくれたが、そのやりとりは新ガイドラインのごまかしを読み解くカギになると思われるので、そのいくつかを紹介しよう。

最初の質問は、排ガスの集じん器の選定についての新ガイドラインの記述、「焼却排ガスにはガス状のダイオキシンと粒子状のダイオキシンが含まれる」についてだった。一〇〇〇℃以上の高温で二つの相が同時に存在できるというのは普通では考えられず、その意味を尋ねたのである。

「『ガイドライン』などは非科学的な内容を多く含みますから、『ガス状のダイオキシン』はダイオキシンの蒸気を指すと考えられますが、『粒子状のダイオキシン』は、ダイオキシンを吸着した、炭素化した有機物の粒子を指していると解釈されます。理想化されたダイオキシンの蒸気は濃度が非常に低いでしょうから、多分測定はできないと思われます。測定できないくらい薄くても有害であろうと思います。炭素状粒子に吸着されたダイオキシンは、これらの粒子を集めて溶媒抽出などを行えば、濃度や分子数を計測することは可能と思います」

ガス化したダイオキシンは分子が小さすぎて、そのままでは捕捉できない。そこで金属などと一緒に高温で溶解して金属粒子や灰などに付着させ、それをバグフィルターに塗布した消石灰でキャッチするというわけである。つまり、ダイオキシンは単体でとらえることはできず、さまざまな媒体に吸収・吸着させなければならないのだ。それは吸着剤の汚染、汚染の広がりを意味している。しかし、ということは、ダイオキシンさえ発生させなければ、高温溶融も金属溶解も、急速冷却さえも不要なのではないか？ また気化したダイオキシンは濃度が低すぎて測定できないなら、測定結果がゼロと出ても、計測装置に引っかからないだけではないか。しかも新ガイドラインは、ダイオキシン類の濃度測定を原則年一回、しかも基準値以下の数値を達成できる炉では、翌年の測定は省いてもよいとしている。この場合、「達成できる」とは実績ではなく、設計が数値を満たしていると認められればいい、という意味だ。つまり、うまくすれば、施設が稼動した後、丸々三年ほど測定を逃れることができるのである。測定方法は規定されていないが、濃度の薄さを考えれば、上田氏の言うような溶媒抽出式でないかぎり、結果は「シロ」としか出ないはずだ。その三年の間にもっと厳密な測定方法が発見され、これらの炉をすべて廃棄しなければならないときが来るかもしれない。

それでも経済にはプラスに働くとの考えだ。いずれにしても、灰溶融炉もガス化溶融炉もまやかしの技術であることを一番よくわかっているのは、化学の世界にいる人々である。

(質問)――ダイオキシンが「分解する」とは、「ダイオキシンがなくなること」ととっていいのですか? また「分解」と、「無害化」はイコールなのでしょうか?

(答)――ダイオキシンが有害なのは塩素原子が存在するからですから、塩素原子だけ取り除けば、分子の骨格は残っても、毒性はかなり小さくなります。しかしごみ処理に関連して「分解する」という場合は、「酸化分解する」という意味でしょうから、水と炭酸ガスと塩酸、あるいは塩素の酸化物にすることを意味すると思われますので、炭酸ガスや塩酸や塩素酸化物の毒性は残るはずです。したがって「分解」と「無害化」はイコールではありません。

化学者ならただちにこの新世代技術の問題点が見抜けるのである。同氏は『「お役所」からダイオキシン』という著作で、厚生省の廃棄物行政を痛烈に批判し、高温溶融炉の問題を、専門家の立場から鋭く指摘している。

「ごみ処理広域化」に関わる新世代技術は、「たかがごみ処理技術」ではなく、脳死臓器移植やクローン技術と同様、社会そのものの将来のあり方に密接に関わる問題だ。しかしそれは「技術」である以上、市民には妥当かどうか判断しにくい。せいぜい勘の鋭い人が直感的に危険を感じることができるくらいだ。上田氏のように多くの専門家が、科学者としての良心に基づいて発言してくれないかぎり、日本は科学と技術による滅びの道を進まざるを得ない。

売り込み側はもちろん、これら「新世代技術」の危うさと、事故の可能性について百も承知なのである。

しかしそれらを導入した市町村は、このような危険性について、きちんとメーカーから説明を受けたのだろうか。リスクの説明もなしなら誇大広告に基づく契約として、詐欺にあたり、住民は契約無効の訴えを起こすことができる。スラグの「有害性」が証明されるようなことがあれば、建設費用と慰謝料、環境クリーニングを含めた現状復帰の費用をメーカーとコンサルタント会社に請求すべきだ。今、新たに高温溶融炉の導入を考えている自治体は、必ず契約書にそのような条件をつけるべきだろう。これについて、上田氏は次のような意見をくれた。

（質問）――「焼却炉の中で起きる化学反応は予測も制御もできない」と断定してかまわないのでしょうか。

（答）――ある反応系の中で起きる現象は、そこに送り込まれる物質の成分の濃度比、系の圧力、温度、移動速度などいろいろな条件を設定しないと規定できませんから、これを設定しないで「焼却炉の中で起きる化学反応の生成物の種類と分布」を議論することはできないはずです。ただ、典型的な都市ごみの焼却例を確立するために、「モデルごみ」の成分はこれこれと規定すればできると思いますが、これまで、モデルごみはこうあるべきだと主張した「先生」はいないようです。モデルごみをA型、B型、C型、D型、E型、F型、G型などと定義して、A型ごみをたとえば、石川島播磨重工業（ＩＨＩ）の○○型焼却炉をある特定の運転パターンで運転すると、飛灰はこれこれ、ボトムアッシュはこれこれ、煙の成分はこれこれなど（メーカー負担で）データを出させて、それに基づいて設置契約を結ぶなどということを本当はさせるべきだと思うのですが、行政側が弱腰だからできないのだと思います。

それこそ新ガイドラインが前提とすべきデータである。

それがないままずるずると「広域化」に流れているのは、市町村が「弱腰」なばかりでなく、自覚に欠けるからだ。残念なことだが、自分たちで判断する力のない市町村、利益誘導型の市町村ほど、新技術の導入に熱心になる。しかし神奈川県の大和市のように、広報で「灰の溶融固化は未成熟な技術で、連続的で安定的な処理は期待できない」と明確な意見を打ち出す自治体もある。事実、高額なコストをかけて灰溶融炉を導入しても、それによって減るのは灰の二分の一から三分の一。それならごみの焼却量を減らすことではるかに簡単に達成できるのだ。

5　重金属はどこへゆく

ガス化溶融炉で質の高い金属（メタル）の回収、山元還元など「物質回収」ができるというのも疑問だ。鉄やアルミなどはあるいは有価物として再利用できる可能性はあるかもしれない。しかし、何しろ材料はごみである。回収されるものの多くは、素性もわからない金属化合物「のようなもの」で、工業利用に必要な均質性は得られないはずだ。少なくとも純度を問題にするようなところでは使えない。

この点については、関東弁護士連合会が一九九九年に行った調査をまとめたリポート「ダイオキシン――今何が問題か――」を見てみよう。岩手県釜石市の清掃工場では、新日鐵の次世代型ガス化溶融炉で可燃ごみ、不燃ごみ、テレビ、洗濯機、冷蔵庫などの粗大ごみ、フロンなどを溶融している。一炉で足りるので隣町からも焼却灰と不燃ごみを受け入れている。スラグとメタルを回収しているが、スラグは不足しがちな天然砂の代替品として、アスファルトの製造会社から需要がある。メタルは鉄が九五パーセント以上と一番多いが、「どうしても銅が混じってしまうので、鉄の製品としてはまずい点がある。重機のカウンターとしての需要があり、値段は五〇円／トンくらい……」ということだ。

もちろん焼却するものを厳密に分別しないかぎり、純度の高いメタルが得られる可能性はない。それにしても約一〇億円の建設費をかけた結果が、トン当たり五〇円とは納得できない。ここで回収メタルのほとんどを占める鉄は、いったいどの産業から出てくるのだろう。しかし「物質回収」というとき、一番問題になるのは重金属類だ。前述の上田氏によれば、ごみの中に存在していそうな元素として、砒素、マグネシウム、カルシウム、ベリリウム、カリウム、ナトリウム、ケイ素、カドミウム、ニッケル、コバルト、銅、鉄、亜鉛、マンガン、クロム、チタン、アルミニウムなどがあげられるという。これらがガス化溶融炉の高温で一斉に気化した後、いったいどのような動きをするのか、誰にも予想はできない。それはもう分子レベルの化学反応の世界である。

「その種の元素がごみの中で高温処理された結果、とんでもない結晶形になって飛び出してくる可能性は皆無ではない。そういった場合には対処のしようがない。微粒子になってあたり一面飛び散った結晶を拾い集めるのは不可能だ」（上田壽『「お役所」からダイオキシン』）

重金属は粒径や密度により、また温度や風速、そのときの運転状況によってすべて違う動きをする。その「一部」はバグフィルターでとらえられ、運よく「固化」できるかもしれないが、すべてのフィルターを通り抜けて大気中に逃げるものもある。煙突から出るものもあれば、もっと早い段階で工場の中に吹き出すものもある。廃熱ボイラー内でダイオキシンが生成するのも、ダスト表面の金属分子が触媒として働くためだといわれている。それがどの金属であるかは確かめられていないようだ。

高温溶融炉のすべての工程を通じて、ダイオキシン汚染とともに重金属汚染の可能性は消えない。コントロールできない装置の中で、化学反応を起こす可能性のある他の雑多なものといっしょに重金属を溶解するのは無謀というしかない。

重金属による環境被害は水俣の水銀汚染、東京都の六価クロム汚染事件などが世界的に有名だが、今後は高温による重金属汚染が主流になっていくかもしれない。全国の焼却場周辺にいつ爆発するかわからない地雷を埋めることになりかねない行為に対して、関係者はどう責任をとるのだろうか。

溶融スラグの危険性については前述した。現実にそれを路盤材として使っている例も増えているようだ。しかしそこにいつまでも重金属を閉じ込めておけるわけではない。路面のアスファルトは毎日タイヤで削られ、酸性雨や日光にさらされ、劣化してゆく。風雨でそこに含まれた重金属を洗い流し、希釈してしまおうというのが業界側の本音かもしれない。スラグを利用するところは追跡調査ができるよう、必ず永年保存の台帳を作っておくべきだろう。前述（90ページ）の弁護士会のリポートも、スラグから基準を超える鉛が検出され、中央防波堤埋立地で保管している例（東京都大田区清掃工場）をあげている。また八王子市戸吹清掃工場では使途がないため、プラントメーカーのＮＫＫ（日本鋼管）に一トンあたり一〇〇円で引き取ってもらっているという。スラグの利用先などないことは、メーカー自身が一番よく知っているのを示すエピソードだ。

灰をスラグにまで焼き固めるには大変なエネルギーが必要だ。それなのに元の灰のせいぜい三分の一にしかならず、まともに使えるめどもないなら、物質収支の面でも高温溶融は資源の浪費というしかない。

「熱回収」も誇大広告である。ガス化溶融炉では先述の通り、排ガス冷却装置の大量の廃熱を発電に回すとしている。しかしその発電効率は低く、せいぜい一三～一五パーセントにしかならない。二四時間安定的な発電ができるわけでもない。建設費も高いし、メンテナンス費用もかかる。新型の発電設備を入れたかながわ廃棄物処理事業団（94ページ参照）ではそのおろかさがよくわかっているのか、職員から「発電効率はよくありませんよ。でも、ほら、サーマルリサイクルだっていうから、（作らないと）しようがない」というぼやきを聞いた。

それでも厚生省がごみ発電に熱心なのは、二つの政治的・経済的な背景がある。ひとつは世界的な地球温暖化防止の波だ。それを受けて大量焼却で発生する廃熱を「捨てない」ことをアピールしているのである。もうひとつはこれまた世界的な（米国由来の）電力自由化の波だ。産業界はそれを見越して、日本のエネルギー需給計画の中に「ごみ発電」を位置づけようとしているのである。
また「コンパクト化」というのは事実に反する。これまで述べてきた通り、ガスそのものを処理するための装置は複雑化・巨大化し、それに広域化・大型化による巨大化が加わる。小さい処理施設の面積を足したものと、広域化の拠点施設を単純に比較することはできない。

6 高くつく「新世代型」技術

装置の巨大化・複雑化は、ガス化溶融炉のコストを押し上げる。開発途上の技術ということで建設費(イニシャルコスト)も高いし、維持費(ランニングコスト)も高くつくはずだ。ところが厚生省は「広域化」が「コスト削減」につながるとしている。小さい規模の施設を個別に作るより、施設を集約して大規模化した方が安上がりというのだ。ただしその根拠や試算を示しているわけではない。そこで、「新世代型」のコストが相当高くつくことを示すために、従来型の新設炉の例からおおまかな計算を試みることにする。

川崎市の臨海部には二〇〇一年早々に新しい産廃処理施設が完成した。神奈川県、横浜市、川崎市、県内企業などが作る第三セクター、「財団法人かながわ廃棄物処理事業団」(後述)の、「公共関与」の施設である。同事業団はこの施設を建設・運営するため一九九六年に設立され、現在、県・市の出向職員によって運営されている。

施設は二〇〇一年三月から試運転に入り、六月には本格稼動を開始した。ところがここで採用した炉が、なんと「従来型」なのだ。といっても焼却温度は八五〇～九五〇℃と、これまでのものと比べると高温であることは間違いない。

事業団は、ガス化溶融炉を採用しなかった理由として次の三つをあげた。一にコストが高い、二つ目はオペレーターが育成できない、三つ目にガス化溶融炉はまだ実績がないという点だ。神奈川県は一方では市町村に「広域処理」でガス化溶融炉を勧めながら、他方、県の責任が及ぶところではその導入を拒否しているのである。しかもコストと安全性を問題視しているというのでは、市町村には虚偽説明をしていることになる。この施設に資金を融資した政府もそれを黙認しているのだ（日本政策投資銀行から「研究」モデル施設として一三二億円の融資を受け、塩化ビニールや感染性廃棄物の処理を行うことになっている）。この二枚舌はいったい何だろう。

とまれ、ここではNKK（日本鋼管）の一日処理量七〇トンの炉三基（ロータリーキルン式炉二基、流動床式炉一基）を設置している。ここで予定しているランニングコストは次の通りだ。ただしこれはあくまでも予測値である。

必要電力	二八〇〇kW／時間
電気代	一五五〇円／kW

消石灰　　　　　　年間五〇〇トン使用　　　二一、〇〇〇円／トン
キレート　　　　　年間一五〇トン使用　　　四五〇、〇〇〇円／トン
焼却炉の稼動日数　年間二八五～三〇〇日（連続して九〇～一二〇日運転）

売電、産廃の処理料金などの「収入」を考えに入れないでおおまかな計算をすると、これだけで年間一億八〇〇〇万円（三炉稼動の場合）。これにバグフィルターの交換費用、触媒に使う大量の薬品（五酸化バナジウム、アンモニア、尿素、ベンゼン）代、助燃材として灯油などの燃料費、炉内の耐火材の交換費用、定期的な炉内清掃費などが加算される。清掃はすべて人の手によって行われるが、この危険な仕事を誰が行うかについては明らかではない。なお買電価格一五五〇円／ｋＷに対し、売電価格は三円五〇銭／ｋＷと話にならない安さだ。買電は高く、売電は安い。事業団では三炉すべて稼動した場合は、消費する分くらいは発電できると見込んでいるが、確証はない。

ところでこの数字を、実際に「広域化」にあてはめてみたときどうなるか、本当に安くつくのかどうか、神奈川県が「広域化」のモデルケースにしようとしている横須賀三浦ブロックを例にとって計算してみよう。

同ブロックは横須賀市、鎌倉市、逗子市、三浦市、葉山町の四市一町で、人口約七四万人。県の強い主導で一九九八年七月に広域化協議会を発足させ、以来八〇数回もの会合を重ね、野村総研に「広域化

実現可能性調査」なるものを委託している。

その最終報告書で、今後ブロック内で年間三五万〜三六万トンのごみが発生することを前提に、一日処理量八〇〇トンの焼却炉プラス灰溶融炉（あるいはガス化溶融炉）が必要だと結論づけている。横須賀市に六〇〇トン、逗子市に二〇〇トンの焼却炉を、破砕選別施設を鎌倉市と葉山町に、最終処分場を三浦市に、また必要に応じてごみの積み替え場所やＲＤＦ施設も建設するとしている。横須賀市以外は人口の数倍ものごみの処理を押しつけられるという割り振りだ。ここにいたるまで、市民には何ひとつ知らされていない。

このブロックの「広域化計画」では、一トンあたりのごみ処理費用はどれくらいになるのだろう。野村総研は施設メーカーからの聞き取り調査の結果として、規模ごとに建設費・管理運営費・必要人員の概算を出している。その中から八〇〇トン／日に合わせて三〇〇トンのガス化溶融炉二基と二〇〇トン炉一基という組み合わせで数字を抜き出してみよう。建設費合計は五七四億円。運営費は二億五〇〇〇万円、人員六〇人から九〇人となる。このブロックの施設の規模はかながわ廃棄物処理事業団のちょうど四倍だ。事業団の施設建設費は設計から建物、プラントを含めて約一三五億円。それを単純に四倍した五四〇億円よりも高いが、「新世代型」の価格としては安すぎるのではないだろうか。

ランニングコストも事業団のコストを単純に四倍とすると、年間約七億二〇〇〇万円と、予定価格の安すぎるのが気にかかる。しかもガス化溶融炉は、従来型よりずっと大きなエネルギーを必要とするため、電気代はもっと高くなるだろう。厚生省もその点は正直である。

「溶融固化等の高度処理にはエネルギーやコストを要するため、施設がある程度の規模を備えていることが効率的であり、この観点からごみ処理の広域化が有効である」(「新ガイドライン」)

そこでランニングコストを右の約一割増しの年間約八億円としておこう。

施設の方は建設費を耐用年数で割って、一年あたりの費用を出す。従来型の炉の場合、耐用年数は二五〜三〇年とされているが、ガス化溶融炉の寿命はおそらくはるかに短くなるはずだ。うんと甘くして二〇年と仮定すると、年間約三〇億円。

「広域化」ではこれに破砕機や磁気選別機、積み替え施設やRDF施設の建設費・維持費が加算される。それに伴う土地取得費用・運搬費・人件費も発生する。それをおおざっぱに年間一〇億としておこう。

またガス化溶融炉の運転管理だが、これはすべてシステムの開発企業に外注せざるを得ない。先に「オペレーターが育成できない」という言葉を紹介したが、新世代炉の運転管理には技術と熟練が要求される。それ以前にプラントのノウハウが関わるため、市町村職員に担当させるわけにはいかず、いずれにしてもメーカーの直営となるだろう。当然メーカーの儲けどころだからかなり高いはずで、やはり年間一〇億円を下ることはないだろう。

そして二〇年後には必ず施設の建て替え時期がやって来る。大阪府能勢町のダイオキシン汚染事故が示すように、ごみ焼却施設の解体費用は建設費よりも高くつく。その処理費を含めた費用を、最初から見込んでおかなければならない。

「広域化」に走っている市町村はこのことをまったく念頭に置いていないようなのが気がかりだが、ダイオキシン規制などなかった時代にできた現存の施設を解体するにも、解体費用、汚染物の倉庫代、処理費用など、相当高額になることが予測される。しかも今、それを比較できるだけの資料もないが、それをうんと低く、年間二〇億円と見ておこう。

ここまでで八〇〇トン／日のごみに対して、年間約七八億円という数字である。「ガス化溶融炉ではごみ処理費用は一トン一億円」といわれているが、実際はもっと高くなるはずだ。この試算はさまざまな「事故」にかかるコストを除外しているからである。

これらのコストすべてを合算した合計が人口で按分計算され、ブロック内の市町村に割り振られる。当然ながら小さい市町村ほど負担が大きくなるはずだ。

コストの最終負担者はそこに住む住民だ。ところが住民は「広域化」についても、「ガス化溶融炉」についても何も知らされていない。国や県としても知らせるわけにはいかないのだ。なぜならごみ処理工場は巨大な化学プラント、というよりむしろ毒ガス工場だからである。

「広域化」ではその度合いがもっとひどくなる。一般の化学工場では、取り扱う物質・薬品が限定されているが、ガス化溶融炉では何が起きても不思議はない。二〇年経たないうちに、住民はこの選択の誤りを知ることになるだろう。

第Ⅲ章

「広域化」のうしろ側

1 新たなブラックボックス、「広域連合」

「ごみ処理の広域化計画」のように、複数の市町村がその自治事務を持ち寄って、共同で行う「広域化」事業。そこにはひとつの問題が起きてくる。事業主体をどうするかという問題だ。当然そこに必要となるのは新たな枠組み（組織、費用、職員など）と責任体制だが、市町村にはそのような未経験の問題に取り組む能力はない。ところがすでに中央省庁はそれを見透かして、早くからその解決策を用意していた。広域化通知の前々年に自治法を改正施行して、広域化の受け皿となる制度を創設していたのである。「広域連合」という名の、「自治体の組合」である。広域連合は広域化計画と結びつくことによって、「地方自治」を形骸化させる役目を果たす。

まずは、各地の実例で「広域連合」がどのようなものか見ていこう。

1　姿を現した「広域連合」――室蘭市のケース

北海道室蘭市。この町も今、「広域化」で揺れている。

チマイベツ川に臨む室蘭市と伊達市の市境の里山に、二一〇トン／日の「広域」ごみ処理施設が建設されることになったのだ。計画を発表したのは広域化の推進母体、「室蘭市・西胆振《いぶり》地域廃棄物広域処理検討会議」。受注したのは日本製鋼所・三井造船・三井物産による特別共同企業体で、プラントは三井造船のキルン型ガス化溶融炉（焼却能力一〇五トン／日）二基である。住民には寝耳に水の報道だった。一九九九年二月のことである。

北海道が作成した広域化計画では、「西胆振《いぶり》広域ブロック」には室蘭市、伊達市、豊浦町、虻田町、洞爺村、大滝村、壮瞥《そうべつ》町が属している（後に登別市、白老《しらおい》町が参加）。しかしこの地域の人口は合計で約一六万人と少なく、過去の焼却実績も一九九六年度で約一四〇トン／日にすぎない。域内最大の室蘭市でも、ごみの量は平成一〇（一九九八）年度で一人あたり一日七五三グラム、一一年度は五五三グラムと、「一人一日一キロ」という指標の半分しかない。人口も減少傾向にあり、二一〇トン／日という規模はどう見ても過大だ。さっそく自治会や地権者、自然保護団体が反対に立ち上がった。

ところがここでの「広域化」は、ほかと違った様相を見せ始めた。施設の建設・管理を行う事業主体が、市町村でも現行の一部事務組合でもなく、新たに設置された「広域連合」という名の組織なのだ。

前述の検討会議は、計画を発表した後、一九九九年四月には「広域処理推進協議会」と名を変えていたが、その時点では室蘭市長の諮問機関にすぎず、法的には「任意団体」にすぎなかった。しかしこの協議会は二〇〇〇年二月、北海道知事に「広域連合」としての設立許可を申請、三月九日には設立が許可された。これによって、この任意団体は突如として広域化事業を行う公的な主体となったのである。

住民は「広域連合」という名前さえ、翌日の新聞報道で初めて知るような状態だった。地元の室蘭新報は「広域連合が発足、道が許可、来月業務開始へ」という見出しで、このニュースを大きく扱っている。広域連合は設立当日、ただちに新宮正志室蘭市長を連合長に選び（他の市町村長は全員副連合長）、各市町村の議会に連合議員の選出を依頼している。今後、三月中には第一回議会を開いて、約三七億円の連合予算や、条例の制定など四三議案を提出するという。記事はさらに次のように続けている。

「道は計画を推進する立場ながら、設立許可を一時ためらった。建設候補地の住民合意が得られていないことや、農業委員会が道に建設反対の建議書の提出を決めたこと、複数の地権者が用地を売却しない意向を示していることなどから、住民感情も考慮して組織化のゴーサインを出す段階にないとの考えがあった」

豊かな自然の残る建設予定地には、絶滅危惧種のオオタカの営巣が発見されており、シマフクロウの鳴き声なども確認されている。また地層からは多数の縄文土器片も発見されていた。しかし計画が発表されて以来、住民説明会は何回も開かれていたが（室蘭市だけでも計二五回）、環境アセスメントや発掘調査は一切行われていなかった。この点について住民が質問しても、検討会議は「アセスメントは着工と並行して行う」と、アセスメント条例や文化財法に違反する答えを繰り返している。現実に、調査は広域連合の事業着手とともに開始された。

また同地は農業振興地域に指定されており、室蘭市の農業委員会も「計画は農業振興に矛盾する」と指摘、市長にあてて反対の建議書を出している。しかしそれが聞き入れられなかったため、今度は知事あてに候補地を変更するよう指導を求める建議書を出すなど、異例の事態になっていた。公害調停に動き出す住民もあり、全世帯反対の自治会もあるなど、住民同意が得られる状況ではなかった。

それにもかかわらず道は「広域連合」を見切り発車させたのである。そこには厚生省、業界からの圧力と、西胆振と日高・胆振東部の二ブロックを、一刻も早く北海道における広域化のモデルケースにしたいとの思惑があったと思われる。

現地では早速あつれきが起こった。四月半ば、予定地の石川町町会は、ガス化溶融炉建設の是非を問う住民投票を行っている。一戸一票での投票の結果は、五一対四三と、「反対」が過半数を占めた。ところがそれが予想外だったらしく、以後、町会は迷走を始める。役員会は七月に新しく「焼却炉施設建設協議特別委員会」を作って、住民投票の結果とは逆に、建設へむけて「方向転換」を発表してしまったのだ。その二日後、臨時総会でこの方針を固め、そのまた翌日には広域連合と基本合意書を締結してしまった。以後、ここが窓口となって広域連合との条件交渉が開始される。

条件のひとつが、町会の役員らによる次世代型施設の「視察」だった。たまたま広域連合議員による九州への視察旅行が計画されていたが、この申し出に喜んだ連合長は、五名の住民を臨時嘱託とし、課長待遇で視察旅行に同行させた。八月、彼らは三泊四日の予定で福岡県に飛び、筑後市の八女クリーンセンターなどを視察した。そこではＮＫＫ（日本鋼管）と三井造船による日本初のガス化溶融炉が稼動中で、広域化で施設建て替えを迫られている自治体から視察が集中している……彼らが視察から帰った後、町会は広域連合と、施設建設について正式に最終合意書（「協定書・確認書」）を結んだ。

自治会・町内会の恐ろしさは、一度決まったことでも、会長や役員の一存で、いとも簡単に引っ繰り返され、それが「地元の意見」としてまかり通る点にある。言うまでもなく町内会・自治会は住民に一番身近な社会組織だが、それは皮肉なことに、最も民主主義が根付きにくい組織でもある。逆に、公共事業を推進する側にとって、町内会・自治会を始め、地元「有力」団体を抱き込むのは、欠かすことのできない基本テクニックである。次の役員の談話にも、行政との条件取引が煮詰まっていることが感じとれるだろう。

「（これまで）行政に放置されていた分、（今後）取れるものは取って、徹底的な街づくりに貢献しよ

うと、私はそう思う」（自治会のチラシ）

しかしこのケースでは一部市民が、広域連合が法的な根拠なしに民間人を臨時嘱託「課長」に任命し、公金を支払ったのは違法であるとして、行政訴訟を起こしている。その市民の追及の中で、広域連合のいいかげんさがたちまち明らかになった。何しろ視察旅費の領主書類の公開請求に対し、「広域連合には領収書はない」と、「公文書不存在通知書」を出すくらいなのである。情報の管理、保管とその公開こそ、自治体が公明正大な事務を行っている証といえるが、広域連合には公的機関としての資質がないことを自ら公言しているようなものだ。

一部の住民は、広域連合の設立そのものについても、許可取消しを求めている。この場合、行政不服審査法による訴えは、許可を下ろした知事を相手にできないので、ごみ処理に関わる業務を管轄する立場として環境大臣に訴えた。しかし返事は門前払い（却下）という採決だった。

「（広域連合設立の）許可は、国民に対する権利義務に直接影響を及ぼす行為でなく、行政不服審査法による不服申し立ての対象となる行政処分に該当しない」

行政不服審査法は、広く行政庁の違法・不当処分や公権力の行使などに対する救済措置だが、広域連合の設立はその適用外だというのだ。これでは、いったん設立された広域連合は、誰も取り消すことなどできなくなる。

「広域連合」は、市町村とは別個の、具体的な事業の執行を目的とした新たな地方自治体（広域の市町村）である。それを誕生させたということは、地元の住民を犠牲にしてでも、事業を強行するという国・県の意思を表している。

しかも西胆振広域連合の場合、施設の建設は広域連合が行うものの、その運転と管理はプラントを受注した共同企業体がすべて請負うことになっている。ＰＦＩ〈Private Finance Initiative〉プライベート・ファイナンス・イニシアチブ）の略。公共事業費の削減のために民間資本を導入する制度でイギリスが発祥。日本ではビジネスチャンスをふやす経済政策として一九九九年「民間資金等の活用による公共施設等の整備等の促進に関する法律」を公布）の一形態で、この方式を称して「公設民営」方式と呼ぶという。実際的には基礎工事の段階（あるいはもっと以前）から、すべてを仕切るのは企業であり、これはいわば市町村事務の民間委託――むしろ民営化に近い。広域連合は国・県から補助金を受け入れる窓口としての機能しかない。誰も知らない組織が突然誕生した上、市町村の自治事務がそこに移され、そこを通して多額の税金が企業に流れるというのに、住民はそれを監視することも、文句を言うこともできないのだ。広域連合は新世紀にむけた、新手のブラックボックスというべきだろう。

2 「覚書」で市町村をしばる――横須賀・三浦のケース

「広域連合」のもうひとつの事例を神奈川県で見てみよう。二〇〇〇年八月、横須賀市、鎌倉市、三浦市、逗子市、葉山町の首長たちは、その地域の将来に大きく関わる一通の契約書にサインした。「ごみ処理の広域化に関する組織について」と題された「覚書」である。

一　四市一町はごみ処理に関する事務を広域で処理するため、地方自治法二八四―三の規定に基づく広域連合を設立する。
二　広域連合の設立時期は平成一四年四月一日とする。
三　広域連合設立に向けて、平成一三年度には（仮称）広域連合設立準備協議会を組織する。
四　本覚書に定めのない事項又は疑義を生じた事項については、四市一町の長が協議して決定するものとする。

「横須賀三浦ブロック」におけるごみ処理の広域化を、四市一町が「広域連合」を設立して行うことを約した書面である。自治体同士が、このような「新」自治体の設立を約した覚書を交わすというのは異例である。

なぜこんなものが必要になったのか、については事情があった。厚生省と神奈川県は、横須賀三浦ブロックを、一刻も早く首都圏の「広域化」成功第一例に仕立てあげたいのである。そこで一九九八年三月、県の広域化計画ができると、七月には早くもブロックの「ごみ処理広域化協議会」を発足させ、以来二年間で八十数回に及ぶ学習会や調整会議を行い、「広域化」へ突っ走ってきた経過がある。協議会は横須賀市に六〇〇トン、逗子市に二〇〇トンの焼却炉＋灰溶融炉（あるいはガス化溶融炉）を建設する配置案などを決めた。事業主体についても「広域連合の制度を活用する」と決め、平成一三年度には組織を立ち上げることとしていた。もちろん市民が一切あずかり知らぬ、水面下での決定である。

しかし組織の立ち上げはすんなり行かなかった。協議会の記録を見ると、横須賀市以外の市町村は、広域化にも広域連合にもしり込みしている様子が窺える。

「広域化」のメリットは、このブロックでは横須賀市にしかないことははっきりしていた。たとえば一日あたりせいぜい六〇トンの焼却量しかない逗子市（平成八年度）には、三倍以上の二〇〇トン炉がやって来る。人口わずか五万人の三浦市は、ごみを全量堆肥化と埋め立てで処理しているが、そこに「広域」の、七四万人分の焼却灰が持ち込まれる。同市の芦名地区ではすでに、県が「公共関与」の産廃処分場建設を事業化しているが、そこは県自ら環境影響評価で「保全」を意味するAランクを与えている場所だ。また、開発が進み、わずかな緑地しか残されていない鎌倉市では、二巡目の最終処分場を市内に用意しなければならない。緑地保全について危機意識の高い同市で、これが大きな政治問題になることは避けられないだろう。

最大の人口をもつ横須賀市は、もともと自然保護より産業振興を優先する土地柄で、今でも民間・公共が入り乱れて開発・埋め立てがさかんだ。横須賀市が広域化に乗り気なのも、同市には処分場がなく、六〇〇トンの南部焼却場が建て替え期を迎えているからだ。その高額の建設費に、「広域化」によって相当の補助金が下りてくる。広域化は大都市ほどメリットの大きいシステムだ。

これらの条件の違いに加え、県の計画に乗って、市町村がいきなり実施計画を作るというシナリオにも当惑があった。それでは市民の反発を招くのは必至だからだ。ようやく事情を知ったブロックの住民も、県に説明会を求めるなどして騒ぎ始めていた。しかし県の代わりに説明会を行った市町村では、技術的な面でも、法的・制度的な面でも回答できるはずがなかった。市民は怒り、市町村はさらに慎重にならざるを得なかった。広域化の実施が丸一年遅れたのは、このような市民の騒ぎと、協議会内部の小さな反乱による。

そこで危機感を感じた神奈川県は、横須賀市を動かして各首長間で「覚書」を結ばせ、遅くとも平成一四年度には組織を立ち上げるよう約束させたのだ。もっとも室蘭市のケースから類推すると、本当に覚書を欲しがったのは、このブロックでPFIに内定している企業グループだろう。

市民は「覚書」どころか、「広域化」のことさえ何も知らされていない。それらは議会で議論されたわけでもない。このように市民周知も議会議決もないまま、自治事務の将来のあり方を、市長や事務方だけで勝手に変えてしまうのは地方自治法の根幹に触れる違法性があるが、ブロックの首長はいずれもその重大性を悟らなかった。やがてはこれが各市町村をしばりつける「契約」として機能することになるのだが、神奈川県が市町村の無知につけ込んだ形だ。神奈川県にいわせると、覚書はあくまでも当事者の市町村同士の話で、県は無関係という立場である。

前述の通り、「広域連合」のことは、新ガイドライン通知にも広域化通知にも一言も出ていない。それは広域化の話が煮詰まり、実施寸前になって初めて姿を現す。そしてこの「広域連合」の立ち上げこそ、広域化を成功させる重要な一歩なのだ。取材に応じたある職員は、「広域連合を立ち上げれば、広域化計画は半分以上終わったことになります」と述べたが、市町村レベルではその重大性を十分に認識しているとは考えられない。

首都圏に近い神奈川県は、常にさまざまな公共事業のテストケースとされてきた歴史があり、国県は事業を進めるノウハウを蓄積している。

「広域化」を進めるにあたっての、神奈川県のやり方も非常に巧妙だった。県は一九九六年六月に「県・市町村間行財政システム改革推進協議会」を設置している。ところが一見、ごみ行政と何の関係もなさそうなこの協議会は、初めから「広域行政課題の取組モデルケースとして」、「一般廃棄物処理対策」を取り上げたのである。一般廃棄物の処理にまったく関係のない都道府県が、厚生省の「広域化通知」以前に、広域化計画の中身を先取りする形で動き始めていたこと、それが「ごみ処理」ではなく、県と市町村間の「行財政システム」に関する話し合いの中で進められてきたことに注意しなければならない。

その上で神奈川県は、一九九七年一月の新ガイドライン通知、五月の広域化通知を待って、一一月には協議会の検討結果を「一般廃棄物広域処理指針」にまとめている（130ページ図3参照）。

「特に今回は、焼却施設から排出されるダイオキシン対策が自治体にとっての共通かつ緊急の課題となっている状況をふまえ、広域的行政課題への取組みのモデルケースとして、かねて研究に取り組んできた一般廃棄物の広域処理対策について全国に先駆ける形で一定の方向をまとめた」（「一般廃棄物広域処理指針」傍線原文のママ）

この指針発表の四カ月後、神奈川県はごみ処理広域化計画の策定を終えているが、その内容はこの「指針」を忠実になぞったものだ。県内を九ブロックに分け（横浜市、川崎市は各一ブロック）、それぞれに調整会議を設けて広域化実施計画を策定するよう号令をかけている。「広域化」をうたわないかぎり補助金は下りないと脅しをかけつつ、「市町村と一体になったごみ処理」に向けて、市町村を走り出させたのである。そこには、神奈川さえ押さえれば、一気に「広域化」の推進がはかれるという、関係者の読みと期待がある。「全国に先駆け」てという言葉に、その強い期待が透けて見えないだろうか。

神奈川県の一般廃棄物は年間約三五〇万トン。その九割以上が焼却処分されている。各ブロックが新世代型ガス化溶融炉を採用すれば、高炉メーカー、ゼネコン各社、コンサルタント会社、その他関連企業の生き残りが約束される。横須賀市は元厚生大臣、ごみ問題にも深く関わってきた小泉純一郎の出身地でもある。現職総理大臣（二〇〇一年現在）のおひざもとの選挙区で、厚生官僚の命運を賭けた「国策」を失敗させるわけにはいかない。横須賀市が率先して覚書を交わしたことの意味は大きい。（なおこの「覚書」は、二〇〇一年八月の横須賀三浦地区の首長会談で反対が出されたため、どたん場で反故にされた。すでに市民の追及で、広域化によるコスト的なメリットがまったくないことも明らかになっていた。）

3　広域連合とは何か

「広域化」は、既存の一部事務組合の制度を利用して行うこともできる。しかし実例が示すように、中央省庁と県が熱心に誘導しているのは、「広域連合」の設立だ。その創設にはどのような意図が込められていたのか、広域連合の特徴と問題点を、新旧の地方自治法と横須賀三浦ブロックの資料からさぐった。

広域連合とは一九九四（平成六）年に地方自治法を改正して創設された、「地方公共団体の組合」のひとつだ。市町村が共同で事務を行う「組合」は、それまで一部事務組合、全部事務組合、役場事務組合だったが、改正で広域連合が加えられたのである。ところがこの広域連合は、他の組合と同列に論ずることのできない性格をもつ、まったく新たな自治体だったのである。その設置に関する記述を簡略化すると次のようになる（なお総務省に確かめたところ、全部事務組合と役場事務組合の実例はない）。

「普通地方公共団体及び特別区は、その事務で広域にわたり処理することが適当であると認めるものに関し、広域にわたる総合的な計画（以下「広域計画」という。）を作成し、その実施のために必要な連絡調整を図り、広域にわたり総合的かつ計画的に処理するため、その協議により規約を定め、自治大臣又は都道府県知事の許可を得て、広域連合を設けることができる。この場合において広域連合に属する地方公共団体につき、その執行機関の権限に属する事項がなくなったときは、その執行機関は広域連合の成立と同時に消滅する」（地方自治法二八四条）

都道府県や市は、その業務で広域処理が適当と認めるものについては、広域連合を設立して、そこに業務をまかせることができるのである。しかしその判断を下す主体がいったい誰なのか、という点については、条文のどこを探しても見当たらない。もちろん室蘭市の西いぶり広域連合会や神奈川県の例が示すように、「広域化」を決めるのが市民でも議会でもないことだけは確かだ。

自治省（現総務省）は、広域連合を提案した第一の理由として、「多様化する広域的行政ニーズに柔軟かつ効率的に対応するため」ということをあげている。第二は「国からの権限委譲の受け皿にするため」で、市町村、特別区、都道府県は、この制度を活用して、自由に、どんな組み合わせでも広域連合を作ることができ、総合的・多角的・機能的な広域行政を推進できるという。

設立の手順は一部事務組合などとほぼ同じだ。構成団体で協議し、OKとなったら規約を作り、それぞれの市町村議会の議決を経て、都道府県に（構成団体に都道府県が含まれていれば自治大臣・総務大臣に）設置許可を申請する。許可が告示されると、晴れて広域連合が発足する。この手順にも、設立協議以前の「判断」については、何も記されていない。

そうして成立した広域連合は構成市町村から独立した別の自治体で、その組織・運営はすべて独自の規約・条例により行われる。独自の執行機関（連合長）と議会（連合議会）、選挙管理委員会、監査委員会、公平委員会などをもち、独自の予算編成権がある。当然、助役、収入役を始めとした理事もいるし、職員もいる。首長や議員は構成団体からの横滑り（あて職）は認められず、直接選挙か間接選挙いずれかの「公選」とされている。ただし「兼職」は否定されていない。

……長や議員の公選以外、ここまでは一部事務組合とほとんど同じである。違うのは、先述の通り、広域連合が国の権限の委譲先になるという点と、構成員（構成団体ではない）がその区域に住む住民であり、住民には選挙権や直接請求権が認められているという点だ。一部事務組合の場合は、構成員が普通地方公共団体（市町村）であり、住民はその「間接的」構成員にすぎず、情報の開示さえ求めることはできない。

少し遠回りになるが、ここで広域連合と対比させる上で、神奈川県の一部事務組合の例を紹介しておこう。

神奈川県、横浜市、川崎市、横須賀市は広域的な水需給に応えるために、一部事務組合「神奈川県水道企業団」を作り、上水道の給水事務のすべてをまかせている（各戸への配水は県・市の水道局の事務）。ところがこの企業団、安価で住民に給水を行うどころか、高値で受託した県給水事業をゼネコンに丸投げし、いんちきとしかいいようのないアセスメントの上に不必要な相模大堰や関連施設、構造基準に合わない道路工事など、実に多くの無駄な公共事業を重ねてきた。内部からの談合情報で入札が延期になったことも何回かある。それでも企業団は大堰建設を中止することはなかった。どれほど過大な施設を作ろうとも、県市の水道局による全量買取制なので、損をしないシステムだからである。そのつけが大幅な水道料金の引き上げと、相模川とその周辺の環境破壊である。

ところが企業団は、普通地方公共団体ではないという理由で情報は一切出さず、問題が起きても公的責任をとることはなく、その上県幹部や中央省庁のいい天下り先でもある。神奈川県の水道料金にはこれらもろもろのつけが溶かし込まれているのだ。もっともらしい業務を看板にかかげた、税金ピンはね機関、それが神奈川県水道企業団である。

しかしこのような一部事務組合の実態――市民監視も苦情も届かない治外法権的組織――は、あまり

表1　一部事務組合と広域連合の対比表

	一部事務組合	広域連合
法的根拠	地方自治法二八四～二九三	
団体の性格	特別地方公共団体	
設置目的	構成団体の事務の一部を共同処理する	多様化する広域行政需要に適切かつ効率的に対応するとともに、国県からの権限委譲の受け入れ体制の整備
構成団体	都道府県市町村および特別区	
構成員	普通地方公共団体	その地域に住所をもつ住民
運営組織	議会——管理者（執行機関）	議会——長（執行機関）
選挙方法	規約に基づいて選挙あるいは選任	直接公選または間接選挙による公選

にも知られていない。筆者がその実態を知ったのも、企業団と県による相模大堰の建設を違法とする行政訴訟の中でのことである（現在東京高裁で係争中）。いったんそのブラックボックスぶりを知ると、誰しも行政の外部組織について、深い疑問を抱くようになるだろう。

広域連合は公選制を取り入れ、住民の直接請求権も付与しているところから、一見、これらの問題をクリアしたように見える。しかし内容を検討すると、一部事務組合どころではない恐ろしい素顔が浮かびあがってくる。広域連合と一部事務組合の特徴を、ごく簡単に対比させたので、それをひとつずつ追ってゆこう。

何よりもまず指摘しなければならないのは、広域連合は市町村そのものだということだ。自治法ではこれを一部事務組合などと同じ「特別地方公共団体」としているが、組織、制度、構成員などの要素を考えると、広域連合は紛れもなく「普通地方公共団体」である。その設立は、新しい都道府県や市町村の誕生に等しい。

私たちは自動的に、住んでいる地域の市町村に属し（「基礎的単位自治体」といわれる）、そこに税金を納め、その見返りに行政サービスを受けている。また市町村の首長や議員を選挙し、予算審議や行政執行を監視し、必要なら情報公開を求め、リコールや解散を要求したりする。それらが地方自治法に定められた住民の権利だ。戦後五〇年、さまざまな変遷があり、問題も多いが、とりあえず市民に最も身近な行政機関として、市民は市町村を受け入れており、何の疑問ももっていない。

ところが、住民のあずかり知らぬところで生まれた広域連合もまた、実態は、そこに住む住民を構成員とする、市町村並みの権限をもつ普通地方公共団体なのだ。それを特別地方公共団体とするのは法律上のごまかしといわざるを得ない。私たちはそれと知らず、二重の地方自治体に属することになる。

広域連合を設置した「目的」について、自治省は「特定の事務を想定して作った制度ではない」という。これは一九九四年六月、国会の地方行政委員会における正式答弁だが、広域連合はこの委員会で、同時に創設された「中核市」制度とともに審議され、賛成多数で（改正地方自治法が）可決成立した。しかし、「広域的行政需要の増加」に対応した制度として提案されたにもかかわらず、広域連合についての具体例は何ひとつあげられていない。審議もわずか一日だった。

国会において新制度が立法化される、もしくは法改正が行われるのは、先行する現実を追認（つまり現実の違法状態を救済する意味合いがある）するときか、あるいは、政官財で新たな産業政策を実行する用意が整ったときであることが多い。広域連合とごみ処理の広域化計画との結びつきはここからすでに始まっていたのだが、国会議員は誰ひとり気づかなかった。

広域連合が「国県からの権限委譲を受けられる」という点は、一部事務組合と最も違うところで、それが最大のメリットとされている。それはつまり、広域連合が市町村に代わって、国・県の支出金（補助金）の受け皿となるということだ。ひとつの市町村ではできないことでも、この「権限」（＝補助金）をバックにした広域連合に委任すれば、何事も実施可能というわけである。一言で言えば、広域連合は国と直結した公共事業の下請け機関なのだ。そこでは「通達行政」もまた息を吹き返すことができる。

繰り返すが、広域連合は公共事業を実施する機関である。事業を具体化するために、設立された広域連合は、なるべく速やかに「広域計画」を作ることとされている。この広域計画は一部事務組合の事業計画などとは異なり、強い調整力、というより強制力をもつ。必要ならほかの事務を盛り込むこともできるし、その構成団体に対して規約の改正、市町村条例の改正、市町村計画の改定も要求でき、勧告することもできる。たとえばごみ処理なら、構成団体に減量化策を指示するなどができ、さらにその措置についての報告を求めることもできる。住民の反対が強いごみ処理の広域化計画にはまさに「ぴったり」の制度だ。

もちろんこのような巨大な権力をもつ事業主体が、国民の利益と対立しないはずはない。広域連合の「メリット」とされている特徴は、地方分権や住民主権、あるいは民主主義などの視点から見直せば、たちまち鋭い牙に姿を変え、住民に襲いかかってくる。

その牙を知ってか知らずか、すでに全国で七四の広域連合が発足している（二〇〇一年四月一日現在。表2参照）。第一号は一九九七（平成八）年四月設立の、大分県の大野広域連合だ。その後、一九九八、一九九九年から一気に数が増え始めているが、今後、これが全国に広がることになるだろう。現時点では介護保険を扱うところが一番多く、五〇以上にのぼっている。

次に目につくのが、広域市町村圏計画やふるさと市町村圏計画など、何をやっているのかわからない事務だが、これはなかなか進まない市町村合併へむけた思惑とも考えられる。ごみ処理を行っているところは三〇しかないが、後から規約を改正できるので、広域化の進展とともにその数も増えるだろう。

表2　広域連合一覧

2000年4月1日現在

都道府県名	広域連合名	都道府県名	広域連合名
北海道	函館圏公立大学広域連合	三重県	一志地区広域連合
	空知中部広域連合		紀南介護保険広域連合
	西いぶり廃棄物処理広域連合		紀北広域連合
	渡島廃棄物処理広域連合		鳥羽志勢広域連合
青森県	津軽広域連合		松阪地方介護広域連合
	つがる西北五広域連合		度会広域連合
岩手県	気仙広域連合		鈴鹿亀山地区広域連合
	一関広域連合		桑名・員弁広域連合
	久慈広域連合	滋賀県	湖西広域連合
埼玉県	彩の国さいたま人づくり広域連合	大阪府	くすのき広域連合
富山県·岐阜県	南砺広域連合	奈良県	桜井宇陀広域連合
新潟県	南魚沼広域連合		南和広域連合
石川県	白山ろく広域連合	鳥取県	鳥取中部ふるさと広域連合
福井県	坂井郡介護保険広域連合		南部箕蚊屋広域連合
山梨県	山梨県東部広域連合	島根県	雲南広域連合
長野県	上田地域広域連合		隠岐広域連合
	松本広域連合	岡山県	邑久広域連合
	木曽広域連合		真庭広域連合
	南信州広域連合	広島県	安芸たかた広域連合
	上伊那広域連合	徳島県	徳島中央広域連合
	北アルプス広域連合	高知県	中芸広域連合
	佐久広域連合	福岡県	福岡県介護保険広域連合
	北信広域連合	佐賀県	佐賀中部広域連合
	長野広域連合	長崎県	西彼杵広域連合
	諏訪広域連合		北松南部広域連合
岐阜県	安八郡広域連合	熊本県	宇城広域連合
	揖斐広域連合		菊池広域連合
	もとす介護保険広域連合		上益城広域連合
	益田広域連合		天草広域連合
	吉城広域連合	大分県	大野広域連合
	高山・大野広域連合		東国東広域連合
	郡上広域連合		臼津広域連合
	海津郡サンリバー広域連合		竹田直入広域連合
愛知県	知多北部広域連合	宮崎県	日向東臼杵南部広域連合
	西尾幡豆広域連合	鹿児島県	日置広域連合
三重県	香肌奥伊勢資源化広域連合		屋久島広域連合
	伊賀介護保険広域連合		徳之島愛ランド広域連合

なおごみ処理と消防・救急については、その多くが既存の一部事務組合からの衣替え組、あるいは一部事務組合同士の統合したものだと思われる。

広域連合で最多の事務を抱えているのは、岐阜県の郡上広域連合の二三。また広域連合が最も多い県は、三重県と長野県の各一〇で、ほとんど全県をカバーする勢いだ。長野県ではすべての広域連合が「ごみ処理」を手がけることになっており、田中康夫知事を選び出したこの地の、保守的な面を垣間見ることができる。また三重県でもほぼ全県をカバーする形で広域連合が設置済みだが、その線引きはごみ処理の広域化計画のブロック分けとみごとに重なっている。ほとんどが介護保険がらみの設立だが、そこに「ごみ処理」が加わるのは時間の問題だろう。なお広域連合を設置すると一構成団体あたり七〇〇万円の特別交付税が支給される。

広域連合は保守的でお上意識の強いところほど作りやすい。それは全国をカバーするまでの間は、何の問題もないだろうが、やがてときが来れば、その真の姿が現れるだろう。

2 改正地方自治法に秘められたねらい

1 消滅する市町村の自治事務

広域連合の「真の姿」とは、「現行の地方自治制度の切り崩し」役である。広域連合に付与された強大な権力を、仔細に検討していくと、その素顔は隠しようがない。

まず、前述の通り、広域連合に移された事務は永久に市町村から消え去る。

「(広域連合内の) 地方公共団体につき、その執行機関の権限に属する事項がなくなったときは、その執行機関は、広域連合の成立と同時に消滅する」(地方自治法二八四―三)

一部事務組合にも同じような規定はあるが、そこに移される事務は形式的「移管」にすぎず、市町村にはなおその事務を管轄する窓口が残り、監督権も残る。

しかし広域連合に移された事務については、構成市町村は自治の権能を完全に喪失する……文字通り「消滅」する。前述の通り、広域連合は国・県の補助金の受け皿となるが、実態的な業務はすべて外部の企業などに丸投げされるため、そこに市町村がいちいち口を出したり、文句をつけたりはできないというわけだ。しかも広域連合は構成団体が「自主的」に設立するという形をとるため、そのような自治権の喪失も、あくまでも市町村による「自発的な返上」ということになり、後でだまされたことに気づいても、こうしていったん手放した権利はもはや取り戻せない。いったん設立されたら最後、その解散には大臣の許可が要る。

ごみ処理を例にとってみよう。たかがごみ処理といえども、それは住民に一番身近な自治事務であり、一人ひとりの住民すべてが等しい関係で関わっているという点で、民主主義そのものだ。ところがこの自治事務は、ごみ処理を目的とする広域連合を設立した時点で住民から失われる。広域連合の創設は、国家に対する住民の権利という民主主義の根幹をゆるがすものであり、違憲、違法としかいいようがない。しかしこうして、市町村の自治権を「自主的返上」という形で奪い去るということこそ、改正地方自治法に秘められたねらいなのである。

この点について、取材した総務省の職員は、「まあ、それは確かに権利の放棄の形をとっていますが……」と言葉を濁した。「権利の放棄」という言葉の重みを知れば、誰が喜んでそれを手放すだろうか。

さらに、この広域連合はあらゆる行政分野をカバーできる。

「(広域連合の)趣旨に合致するものであれば、基本的には広域連合が処理できる事務についての制限はない」(一九九五・六・一五通知)

市町村の事務をそっくり肩代わりすることだってできるのだ。先発組の多くも事務を増やしている先述の横須賀三浦ブロックでも、「とりあえずごみ処理」とし、今後、汚泥処理、下水道、図書館、文化行政などを検討するという。こうして、ひとつ、またひとつと、市町村の実質的な権限を広域連合に移すことによって、市町村はやがて看板だけの、地方自治の抜け殻になってしまうだろう。

単なる「一般制度」に基づいて作られた組織に、市町村以上の強大な権限を与えた理由について、自治省は何の説明も付していない。その代わりにPRしているのが「公選制」や「直接請求」制度である。それをもって広域連合が民主的であるとしているのだが、北海道でも横須賀三浦ブロックでも、連合の理事はすべて関係自治体の長、連合長は互選、収入役は連合長の属する自治体の収入役などと、「あて職」を公認している。連合議員も関係自治体の議員のうちから互選で選ばせ、それを「間接選挙」と称している。

横須賀三浦ブロックの広域化調整会議議事録には、「他の広域連合は連合長及び議員の直接選挙を行っているのか」という横須賀市の問いに、「全て間接である」との答えが記録されている。

間接選挙と聞いて、アメリカの大統領選挙のように有権者が選挙人を選ぶシステムを思い浮かべてはいけない。ここでいう「間接選挙」とは、すでに選出された首長や地方議員に、広域連合の議席を割り当てるから「間接」、というだけの話だ（日本の公職選挙法には間接選挙の規程はないにもかかわらず、広域連合の通達では「間接選挙」を指示している）。そこに名を連ねるだけで何がしかの手当が余分に入るとあれば、市町村の議員が広域連合に反対することはまずないだろう。

「直接請求」にいたっては、今の日本の政治風土では、小さな市町村でないかぎりほとんど役に立たず、それが生かされた例はあまりにも少ない。首長や議会が利権と完全に無縁なら使いようもあるかもしれないが、利権と縁がない行政や議会なら、直接請求そのものも必要ない。

しかし、ここにあげたような広域連合の特徴とされている制度——公選制、直接請求、情報公開など——は、すべて市町村に不可欠の制度でもある。この点からも、自治省は広域連合に、実際は普通地方公共団体としての性格をもたせようとしていることがわかる。これについて、自治省は先の地方行政委員会で、次のように説明している。

「普通地方公共団体はその目的において一般的であり、またその存在が普遍的であることに対し、特別地方公共団体はその目的において特殊的であり、またその存在が普遍的ではないという違いがある」

しかし広域連合は独立自治体として自主的な判断ができるし、規約の改正により業務を無制限に増やすこともできる。設立も県同士、県と市町村、隣接した市町村同士、離れた地域の市町村同士、民間と市町村というふうに、どのような組み合わせも自在で現にその数は年ごとに増えている。長野県、三重県同様、全県をカバーする広域連合ができるのは時間の問題だろう。自治省（現総務省）がいくら否定しようとも、広域連合は特殊なものではなく、全国どこにでもある、一般的な目的をもった普通地方公共団体、新たな市町村なのだ。

そしてこの新たな広域市町村は、国と直結し、その支配下に入る。そこに求められる役割は国の政策をただちに実行することで、設立が決まったときから、それは国・県の監督下に置かれ、もはや市町村のコントロールはきかない。逆に、国・県が支配できないような広域連合は設立できないのである。

「国等は広域連合の処理する事務に関するものについて、その権限を委任できるものであること、したがって、国からの権限等の委任がなされなければ、その目的を達成できない広域連合の設置は適切でないことに留意すること」（一九九五・六・一五通知）

悪文なので解釈を加えるが、この通知は、広域連合は自治事務を行うことが適切なこと、国はその自治事務を適宜広域連合に委任でき、直接指導・監督ができると述べているのである。つまり、広域連合は、市町村を基礎自治体とするこれまでの日本の地方自治制度を、大変革するためのツールとして創設されているのである。

広域連合は、発足後は広域計画の策定、事務の執行にいたるまで、ことごとく都道府県や国と調整・協議し、報告し、許可をあおがなければならない。国の方でも関係省庁の間で、綿密な調整を行うことになっている。いったん設立した広域連合は、解散するのにも大臣の認可が要る。広域連合はいわば、国の直轄自治体なのだ。

市町村は、広域化計画の最終段階になって、ようやく担当者は広域化には新たな事業主体が必要だということに気づかされるはずだ。そしてコンサルタント会社や県にいくつかの選択肢を提示され、一部事務組合にはできない広域化に対応した組織といわれて、多くはそれまで聞いたこともない広域連合を選ぶことになる。それも市町村の「自主的な選択」として。

さらに広域連合にはもうひとつのしかけがある。市町村に広域連合を選択させることによって、ごみ処理の広域化計画の違法性を消すというしかけだ。

広域連合の策定する「広域計画」は、当然「ごみ処理の広域化計画」と重なる。しかしこの広域計画の方は地方自治法に定めるれっきとした法定計画であり、そこに溶かし込まれたとたん、違法なごみ処

図3　一般廃棄物広域処理指針と広域化計画及び広域化実施計画との関係

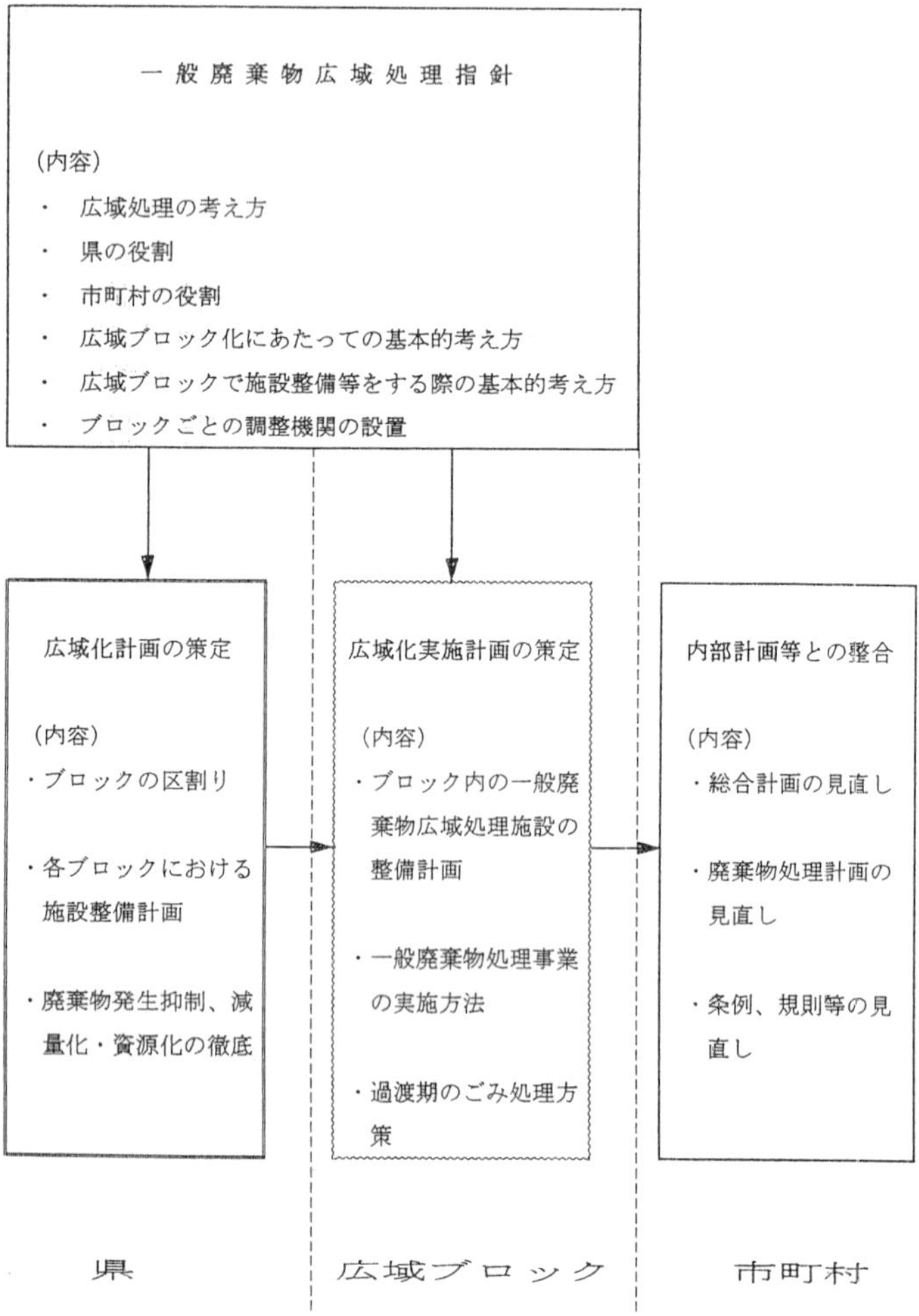

神奈川県は一般廃棄物広域処理指針で市町村の計画を県・広域ブロックに合わせることを指示している

理広域化計画も、めでたく法定計画へと変身をとげるのである。これは法律の仕組みを知悉したチームによる、いわば法的錬金術である。そこに共通するのは、重大性に気づかせないように、当の市町村自らに自治事務を放棄させ、それを新しい国家的枠組みにすいあげて合法化するというテクニックだ。よく考えられてはいるが、ごまかしであることに変わりはなく、このような手法そのものの違法性、違憲性が厳しく問われなければならない。

またこの錬金術は、広域連合の広域化計画が、実質的に市町村の総合計画の上位に来ることを意味している。横須賀三浦ブロックでも、総合計画を（広域化計画に）整合させることを今後の課題としている（図3）市町村は自分の手で、地方自治体の憲法である基本構想・総合計画を葬り去ろうとしているのだ。しかも県は公益上、必要があれば広域連合か一部事務組合かの設立を、市町村に「勧告」できる（地方自治法二八五―二）こととなった。この場合、「勧告」とは従うべき義務を意味し、行政組織の職員はそれを拒否することはできない……まだまだあるが、仔細に検討すると、一九九四年の改正は、ひそかに地方自治法の息の根を止めていたことがわかる。

2 「ごみ」で強化される中央集権

広域連合、広域化計画に共通する「国家意思」は、そこに省庁のなわばりを超えた大きなプロジェクトがあることを意味している。

本来なら「地方分権」によって市町村に行くはずだった権限を、都道府県を飛び越えて広域連合に直行させる。そこに市町村から返上させた自治権も加え、やがては県や構成市町村からも完全に独立した国の下部組織として独り歩きさせる、というのがプロジェクトの構想である。したがってあらゆるところに、中央集権への枠組みが用意されている。たとえば広域連合は、事業を推進するために協議会を設置することができるとされているが、それを組織するのは「国の地方行政機関の長」など（地方自治法二九一―八）となっている。露骨な中央支配の構図が透けて見えるが、さらに進めば、広域連合は都道府県や国に権限・事務を委任するよう要請することさえできる。

「都道府県の加入する広域連合の長は、その議会の議決を経て、国の行政機関の長に対し、当該広域連合の事務……に密接に関連する国の権限又はそれに属する事務の一部を、広域連合又はその長、その他の執行機関に委任するよう要請することができる」（地方自治法二九一の二）

同様に市町村だけの広域連合は都道府県に権限委譲を要請できる……そう書くことで、実際に法律を変えなくても、広域連合の要請で施行令や施行規則を変えることによって実質的に法律を改変できることを知る、官僚の立法技術である。しかしこれまで、このような強大な権限をもつ行政組織が存在しただろうか？　このままではやがて法律は高い「理念」をかかげたまま飾り置かれ、実際は裁量による

「運用」だけがまかりとおることになるだろう。ほとんど審議もされず、報道されることもなかった小さな法改正が、このように行政組織全体、法律体系全体の崩壊につながる穴をあけようとしているわけだ。

もちろん主権は行政機関にあるわけではなく、国民にあるので、このような非民主的な組織の設立を可とする法律は違憲である。しかし今のところ、これに対抗するには、具体的な不利益を蒙ったときに、行政事件訴訟法に基づく抗告訴訟を起こすしかない。地方分権に溶け込ませたようにみせかけて、その実、国策を忠実に実行するための組織、それが広域連合である。まさにごみ処理の広域化政策にうってつけの制度だ。

全国にあまねく設立された時点で、それは新たな独立機関として、国の政策を強行し始める可能性がある。それはまた事実上の市町村合併にもつながる。総務省が進めている市町村合併は、約三〇〇〇の市町村を三〇〇程度にすることを目標としているが、ごみ処理の広域化計画では、すでに全国が四一六のブロックに分けられ、広域連合が誕生しつつある。広域連合は総務省の管轄に入り、見てきた通り国家意思を反映しやすいという特色をもつ。個々の市町村が「自発的に」合併を言い出すのを待つよりも、広域連合の性格を利用して、それを足がかりに実質的な市町村合併を進め、さらには道州制へと移行することまで視野に入っていると考えられる。総務省がそれをあくまでも「特別地方公共団体」としているのは、現在の市町村よりも強力な権限をもつ、「国策」市町村を創設するという真意を悟られたくなかったためではあるまいか。

国・県にとって「広域化」や「広域連合」のメリットは、対象地域が広がることで、住民の数が一気に数倍にも膨れあがることだ。人口が増えれば、相対的に住民の発言権は低下する。数百人程度の小さい村では、たった一人の発言でも非常に重い。ところがたとえば、三〇〇万人以上の人口をもつ横浜市では、個人の権利も三〇〇万分の一に薄められてしまう。「数は力」の論理が主流の世界で、三〇〇万分の一という数は悲しいほどに非力だ。

同様に、「広域」で人口が増えるほど相対的に自治権は小さくなる。真の意味で「地方分権」が生かせるのは、せいぜい一〇数万人までの都市だろう。それ以上の人口では、たとえば何万、何十万もの署名を短期間に集める直接請求は事実上できなくなる。今でさえ機能していないこの制度は、広域連合にはまったく通用しない。

ごみ処理の広域化では、ごみの量が多い市街地かその近辺にガス化溶融炉を、人口の少ない農村部に最終処分場を設置するため、都市と農村をセットにしている（焼却炉から処分場まですべてを農村に設置するケースも多い）。ところがその農村で、一人ひとりが自治権をたてに広域化に反対すると、この計画はうまくいかなくなる。そこで「自主的に」広域連合を設立させ、小村における住民の発言権を相対的に低下させ、住民の反抗を封じ込めるのがねらいだ。

ところが広域連合が市民の自治権を奪う制度であるにもかかわらず、その財政上の面倒を見るのは市町村、つまり私たち納税者である。広域連合には国・県からの補助金が入り、独自の事業収入もあるとはいえ、経費のほとんどは市町村の分賦金（割り当て金）でまかなわれることになっている。さらに広域連合は独自で起債さえできるが、その債務を保証するのも市町村、つまり住民である。私たちは二重の負担を負うことになる。

このパターンは、これまでに天文学的な金額の不良債務を国民に押しつけてきている土地開発公社、各種の特殊法人、あるいは第三セクターなどとそっくりである。土地開発公社もまた、特別法によって国の経済政策を忠実に実施する機関として誕生させられた。国は市町村に直接命令できないため、通達で自由に動かせる別組織として、土地開発公社を作らせたのである。そうして全国一円に広がった数千の土地開発公社が、バブルの旗振り役を努め、いまだに数兆円の不良資産を抱えているのは前著『土地開発公社』でも書いたが、広域連合の創設にもほぼ同じ背景がある。そこにつぎ込まれる税金はいずれどこかに消えてしまうことになるだろう。

ここまで聞くと、広域連合は何千人もの職員を擁する一大組織、というイメージがわくかもしれない。しかしそうではない。たとえば人口約七四万人の横須賀三浦ブロックでは、理事や議員を除く広域連合の職員はわずか一五人にすぎない。しかし現業職員をもたない小世帯の広域連合が、「広域」七四万人のごみ処理を行えるはずはない。業務はそっくり外部に委託するしかない。実は広域連合は何よりも企業とダイレクトに結びつき、設計、施工から管理運営にいたるすべてはそこへ丸投げされる。この点は一部事務組合が実質的には設立自治体の直営であるのと大きな違いだ。

一方で、市町村は「広域連合は行政のスリム化」につながるというPRをすっかり信じ込んでいるふしがある。確かに市町村から「消滅」した事務の分、職員はリストラできる。最大の経費である人件費がこうして削減できれば、それは一見「スリム化」したように写るかもしれない。ところがそれはかえって高くつく。広域連合そのものは補助金の受け皿としての決裁事務を行うだけで、後は悪名高い入札や随意契約など、企業サイドの言い値による民間委託となるからだ。

市町村の外部委託費のべらぼうな高さについては関係者ならよく知っているところで、それこそ官民の腐れ縁の因になっている。広域連合と提携した企業は、その高額の委託費をそっくりちょうだいできるという仕組みだ。そこでリストラされた現業職員を再雇用することもあるかもしれないが、不況によりリストラ（人員整理・解雇）を進めなければならないのは企業の方である。今、日本の実質的な失業率は四～五パーセントではなく、二桁以上という見方もあり、特に苦しいゼネコン、プラントメーカーとその関連業界にとって、広域連合は格好の就職口となる。日本の既存の企業はあらゆる面で国の補助を受けなければ、立ち行かないのだ。私たちの税金がまた、ここでも企業救済に使われ、高いつけになって納税者にはねかえってくることになるだろう。

市町村が手放した自治事務を、企業が広域連合という名の下に事業として行う準備は、すっかり整えられている。それは初め、自治体と広域連合間の契約による事業委託、委任という形をとるかもしれない。しかし市町村から消滅した事務は、本来、「委託」できるものでもなく、それは全面的に広域連合（の委託を受けた民間企業）の仕事となっていく。

やがて全国に設立が終わった時点で、広域連合は直接企業と資本提携していくPFI方式で行われることになるだろう（後述の廃棄物処理センターの項、144ページ参照）。PFIもやはり補助金事業だが、産業界と中央省庁はあまり活用されていないこのPFI制度を、一刻も早く全国に広げたいのである。

ごみ処理施設、特にガス化溶融炉は、今後さらに危険な職場となるのは間違いない。しかしごみ処理を企業経営として行う場合、効率を重視するあまり、中で何が起きているかは秘密にされ、結果的に労働者や住民の安全、人権が軽視されることになりかねない。高濃度ダイオキシン汚染事故を起こした大阪府能勢町の一部事務組合でも、焼却炉の解体で二次汚染の被害を受けたのは、工事を請け負った三井造船の孫請け企業の作業員だった。

3 二〇〇〇年改正廃掃法の衝撃

1 国家管理となった廃棄物行政

以上、「広域化」通知から、「新ガイドライン」通知、そして地方自治法の大改正と、これまでほとんど論評されてこなかった大きな変化を通して、新廃棄物政策の底流を見てきた。ところがその取材の真っ最中の二〇〇〇年六月、廃棄物処理法が改正され、即日施行されて、本書の指摘を裏付ける「国家管理」が顔を出したのである。

これはリサイクル関連法の成立にからむ改正で、その前年度末にはリサイクル関連六法が相次いで成立、あるいは改正成立している。なお二〇〇〇年三月までに成立または改正された廃棄物関連法は次の通り（カッコ内は通称）。

・循環型社会形成推進基本法（循環型社会基本法）
・廃棄物の処理及び清掃に関する法律（改正廃掃法）
・容器包装に係る分別収集及び再商品化の促進等に関する法律（容器リサイクル法）
・特定家庭用機器再商品化法（家電リサイクル法）
・建設工事に係る資材の再資源化等に関する法律（建設リサイクル法）
・食品循環資源の再生利用等の促進に関する法律（食品リサイクル法）
・資源の有効な利用の促進に関する法律（資源有効利用促進法……旧再生資源利用法）
・国等による環境物品等の調達の推進等に関する法律（グリーン購入法）

この動きから、二〇〇〇年を「循環型社会元年」「廃棄物・リサイクル元年」などと呼ぶこともあるようだが、実は大転換の元年となったのは廃掃法の方である。これは廃棄物行政を国家管理とするという、これまでとまったく逆の政策への改正を含んでいたが、それを指摘する声はほとんどあがらなかった。

廃掃法の改正の趣旨はおおむね次のようなものだ。

「廃棄物について適正な処理体制を整備し、不適正な処分を防止するため、国における基本方針の策定、廃棄物処理センターにおける廃棄物の処理の推進、産業廃棄物管理票制度の見直し、廃棄物の焼却の禁止、支障の除去などの命令の強化等の措置を講ずるとともに、周辺の公共施設等の整備と連携して産業廃棄物の処理施設の整備を促進することとする改正を行うこと」(厚生省通知「廃棄物の処理及び清掃に関する法律及び産業廃棄物の処理に係る特定施設の整備の促進に関する法律の一部改正について」)

このうち大きく報道されたのは、廃棄物処理業への欠格事由の拡大（暴力団などの排除)、野焼きや不法投棄の禁止、罰則の強化、排出者の原状回復義務、違反施設の取り消し、マニフェスト制度の見直しなど、「規制強化」の部分ばかりだった。その面だけ見れば、確かに、国が不法投棄の取り締まりに本腰を入れるようになったことは進歩かもしれない。現に、廃棄物行政に関心をもつ市民の方でもその面しか見なかったらしく、知るかぎりではこの改正に反対する声はあがっていない。

しかしこの改正はとんでもない違法性を含んでいた。その第一が「国の基本方針」だ。改正廃掃法は今後、国が「廃棄物の減量や適正処理に関する総合的かつ計画的な推進を図るための基本方針を定める」というのである。これをもって「国の責任が明確になった」と評価する向きもあるが、この一項が市町村の自治権と鋭く対立することは否定できない。実際に「基本方針」が出されたのは改正から一年もたった二〇〇一年五月だが、その内容はこの推測を裏付けるものとなっている（後述)。

第二はこの「国の基本の方針」を受けて、都道府県が「廃棄物処理計画」を作るとしたことだ。それまで都道府県が策定していた「産業廃棄物処理計画」は削除され、この「国策」計画で産廃と一廃をまとめて扱うこととなった。これは、市町村の「一般廃棄物処理計画」とバッティングし、市町村の自治事務が、都道府県に奪われる形となっているのである。もちろん、国家行政組織に属さない市町村を国県の計画に従わせることは自治権を侵し違法であるため、改正法はこの計画に市町村が従うように求めてはいない。しかしその策定には「関係市町村の意見を聞かなければならない」とし、結果として市町村が国・県の計画に合わせざるを得ない状況を作り出している。

とにかくこの改正により、国・県と、市町村は、それぞれ別個の計画を作ることが義務付けけられたので、ごみ処理に関わる計画は、都合四本となった（上から計画名、主体、準拠法令および通達）。

・「一般廃棄物処理基本計画」　市町村（廃掃法）
・「廃棄物処理計画」　国・都道府県（改正廃掃法）
・「ごみ処理の広域化計画」　都道府県（厚生省通達）
・「廃棄物循環型社会基盤施設整備計画」　市町村（厚生省通達）

これらの計画の整合性や優先順位については改正法には何の記述もない。環境省や県に説明を求めても、「今後の検討課題」と言うばかりだ。しかし整合性をはからずに法律を改正するはずはなく、実際は先行事例が示す通り、「広域化計画」がすべての廃棄物対策のベースになっている。ところが改正法は、このベースである「ごみ処理の広域化計画」にも一言も言及していないのである。法律の条文には書き込めない事情があるのだろう。市町村の「一般廃棄物処理基本計画」にしても、広域連合を設立した時点でもはや不要になるのだが、さすがの厚生省もそう露骨に書くわけにはいかなかったらしい。「廃棄物処理計画」には、産廃処理施設の整備と、一般廃棄物の広域的な処理に関する事項、市町村間の調整その他技術的援助に関する事項などを盛り込むとしており、策定されれば、現段階ではまだ違法な「広域化計画」の、法的裏付けとしての性格をもつ。

ところが神奈川県はこの改正後、まだ「国の基本方針」も出ていないうちに、「廃棄物処理計画」の策定に動き出した。「基本計画案」を作り、二〇〇〇年一二月からは県内五カ所で、学者やNPOなどをパネリストに迎えて「県民討論会」を開いている。市民の声を聞くというふれこみだったが、県が用意したテーマは、広域化とも改正廃掃法とも無関係な一般論ばかりだった。筆者はそのうち四カ所に参加したが、驚いたことにその四カ所すべてで、基調講演者やパネラーが「産廃と一廃の区分は無意味」と発言したのである。「一廃」と「産廃」の一元化、混合焼却、あるいは「広域化」への道は、まず政府御用達の「先生」と呼ばれる人たちによってならされていくようだ。

神奈川県の、この「先走り」について、厚生省の廃棄物担当課の企画法令係M氏に聞き糺した。何といっても廃棄物処理法に「国の基本方針を受けて」とある以上、それが出される前に基本計画を打ち出すのは違法ではないか？

「ご存じでしょうが、ここにはいろいろ悪質な電話も多いので、名乗らないように指導しています」

最初の職員が名乗らなかったのをこう詫びて、彼は次のように話した。

「都道府県にはご迷惑をおかけしていますが、うちうちでは検討はされているはずです。国の基本方針の詳細は、今作業を進めているところですが、広域化などは条文上、具体例には触れていません。来年の四月に全面施行なので急いでいます」

広域化になぜ触れないのか、については答えなかったが、神奈川県の「先行」は厚生省と合意の上でのシナリオだった。首都圏での成功例とするために、かなり以前から調整を進めていたようだ。しかし話が市町村の一般廃棄物処理基本計画との整合性に及ぶと、とたんに歯切れが悪くなった。

「廃棄物対策は国として総合的に調整を行うことになりました。市町村の計画も含めて全体的に調整するということですが、締め付けではありません。市町村職員は国・県のいうことを聞かなければならないという、妙なバイアスがあるかもしれませんが、それはありません。一般廃棄物の処理が市町村の自治事務だということは自明のことなので、改めて基本方針に盛り込むことはしません。表記しなくても自明です。広域化を進めるものではないという表記もちょっと……（できません）。そういう齟齬は受け止め方によりますが、法令では書くべき内容のものを出します。必要なら、後から通知で伝えます」

法令には書くわけにいかないこともあるらしい。市町村の自治事務を「国の基本方針」に「調整」させること自体が、国県の押しつけで、大きく自治権を侵している。また「調整」が必要ということは、先行法との間に大きなズレがあることを示している。この国の官僚は国民をどこに連れていこうとしているのだろう。

2 民活・廃棄物処理センター

改正廃掃法の「国家管理」を示す第三の点は、都道府県が産廃処理事業を行うことができると明確に認めた点である。それも、これまでのような例外的措置としてではなく、法に基づいて堂々と関われるようにした。具体的には「廃棄物処理センター」（以下「センター」）の規制緩和である。これによって排出事業者の産廃処理の責任は大きく軽減されたが、この点でも改正法は広域化計画を後追いしている。

もちろん都道府県はこれまでも「公共関与」という法律にはない文言を利用して、産廃処理施設を建設してきた。「公共関与」とは不法投棄の取り締まりを求める市民の間に広がった、奇妙な安全神話――「公共が作る処理施設の方が安全」という思い込み――である。廃棄物処理センターとは施設ではなく、一九九一年の廃掃法改正で設けられた、産廃処理のための「第三セクター」創設の制度だが、「公共関与」の方はそれ以前から、県が産廃処理業に乗り出す言い訳になってきた。「関与」を「公営」と読み替えて行う公共事業は、実は監督者がいない分、民間事業よりも危険性が高い。センターは不足がちな産廃処理施設を、都道府県の支出と排出企業からの出捐《しゅつえん》金で整備しようというもので、解説書は制度創設当時の背景について次のように説明している。

「近年、民間による産廃施設の設置は、用地の確保難、産廃処理業者の資本力の不足などにより困難となっている一方、特別な管理を要する廃棄物や、市町村では処理が困難な廃棄物が増大している。また産廃の広域移動が活発化し、産廃の広域的な処理に対応しうる制度を創設することが求められてきた。一方、従来の財団法人形式の産廃の処理についても、公共の信用力が十分でないことや、民間活力の活用が十分でないことなどの理由から、必ずしも経営が安定しているとはいえない状況にある」(「廃棄物処理法の解説」)

要はごみ行政の失敗のつけ、企業のごみ処理のコストを、両方とも国民に回そうということだ。企業の要請に応えた側面が大きいが、右の文を市民の目で正しく読むと次のようになろうか。

「……大量生産、大量廃棄によるごみの増大で、安全な市民生活を脅かされた市民が、産廃処分の建設に反対し始め、新規処分場が作りにくくなっている。企業はごみ処理に金をかけたくないため、いいかげんな業者に処理を委託することが多く、不法投棄などずさんなごみ処理が問題化している。また使用後を考えない複雑多岐にわたる商品の生産により、ごみ処理を押しつけられた市町村が対応できなくなっている。行き場のなくなった産廃や危険ごみ、焼却灰は、人目につかない山村へ不法投棄してきたが、これが市民の怒りを招いている。今後は『お役所なら安心』という市民の思い込みを利用して、全国的に県主導の産廃施設を作り、企業を助けられる制度を税金で作ろう」

発足当時、センターを設立できるのは地方公共団体の拠出金を受けた民法三四条に規定する「公益法人」(非営利の公益法人で主務官庁の許可が必要)で、次の四点の要件を満たすものを、各県ひとつに限って厚生大臣が指定することとしていた。

一　特別管理廃棄物などの「広域的処理」の確保に資することを目的とする
二　原則として第三セクターの公益法人であること
三　業務を適正、確実に行うと認められること
四　都道府県ごとに一個に限り、厚生大臣が指定する

自治体と強いつながりをもつ大企業やＪＶ(ジョイント・ベンチャー)に有利な一方、中小企業には入り込めない制度だといえる。しかもいったんこの指定を受ければ、国の厚い財政支援――一廃および公共系産廃受け入れ分の四分の一、一定規模以上の産廃焼却炉および処分場整備の四分の一、関連施設整備の二分の一、など――が待っている。もちろんその主な目的は、「適正な原価を下らない料金で」、産廃処理を行うことである。

ところがこれがまったく不人気だった。一九九五年までに指定を受けたのは、わずかに岩手、大分、長野、愛媛、香川、新潟、高知、兵庫の八県のみ。一九九三年に初指定を得た岩手県のいわてクリーンセンターでは、産廃が当初目標の半分しか集まらず、処理料金を値下げしたが、それでも集まらなかったため、未使用の繊維製品を燃やしていたと報告されている（「議会と自治体」二九号）。これでは事業収入どころではない。この例が示すように、日本の企業は産廃処理にカネをかけたがらないのである。

「広域化」以後は三重県の一九九九年が第一号。次に神奈川県が二〇〇〇年に指定を受けている。改正によってその廃棄物処理センターは「都道府県ごとに一個に限り」との項が削除され、設立要件も大幅に緩和された。

「国もしくは地方公共団体の出資もしくは拠出に係る法人（政令で定めるものに限る）その他これらに準ずるものとして政令で定める法人又はＰＦＩ法二条五項に規定する選定事業者であって、業務を適正かつ確実に行うことができると認められるもの」（改正廃掃法一五の五）

国や地方公共団体の出資を含む法人、ＰＦＩ指定法人とはあるが、実質的には「何でもあり」を意味している。地方自治体、株式会社、特殊法人、第三セクターなど、どんな形でも、いくつでも設立できることになった。これは規制緩和というより完全自由化に近い。設立要件を緩めた理由は、センターが広域連合と「広域化計画」を結びつけるカナメとなるからだ。センターは「市町村の委託を受けて、一廃の処理を行う、またそのための施設の建設・管理などを行う」ことができるようになり、処理の対象物もこれまでの産廃、特別管理産廃、特別管理一廃、適正処理困難物から一般廃棄物全部に広げた。「広域化」に備えての改正である。

また、ここで見落とせないのが、廃棄物処理センターには国も出資できるとした点である。「国もしくは～」という文の、たったひとつの「国」という文字が、「国の基本方針」などとともに、国家による廃棄物行政の一元化のシナリオを雄弁に物語っている。つまりごみ行政は今や国家プロジェクトなのである。もちろん廃掃法始まって以来の大転換で、ごみ処理を基礎自治体の自治事務と定め、国や県の関与・支配を受けないとした旧法との落差は、あまりにも大きい。繰り返すが、それまでは廃掃法上、国も県も廃棄物処理、ことに自治事務である一般廃棄物処理に手を出すことはできなかった。

それがこの改正により、国と県はいきなり、計画の策定者だけでなく、処理事業者にもなってしまったのである。

すでに三重県が広域化計画に乗って、一廃処理に関わる権限を市町村に返上させたが、同じ動きを全国に広げるのが政官財のねらいなのではないか。それにぴったりなのが全国に誕生しつつある広域連合で、そこをみな廃棄物処理センターに指定することで、中央省庁の描くシナリオの第一幕目はほぼ完結する。彼らにとって必要なことは、各地の広域連合と広域化計画を組み合わせる作業が終わるまで、市町村が「拒否権」を発動しないように抑えておくことだ。それまでは市民にも市町村にも、情報を流すわけにはゆかないのである。

廃棄物処理センターも、広域連合も、ともに廃棄物処理施設を作るにあたって許可を必要とせず、産廃と一廃を自由に、混合処理できる。制度的には出資や補助金を通じて国・県と直結し、もはや市町村の監視はきかない。

しかもその実態は企業への丸投げである。今後、ごみ処理事業は、企業が補助金・税金を用い、「公共の顔」をして営利事業として行う。それは「民活」というより「民営」というべきだろう。その事業を通じて、国・県と企業との関係（癒着）はさらに強まるだろうが、市民とのみぞは深まり、問題は市民の目から隠されてしまうだろう。特殊法人や第三セクターの経営内容が、決して国民に明かされることがないのを、私たちはその凋落を通じて経験済みだ。

つまり、改正廃掃法は改正地方自治法とともに、戦後、個人と地方自治体に与えられた権利を「国家」に戻し、それを企業に再配分することをねらっているのだ。日本の社会は今、ごみ処理を切り口に、民営化へ向けてひた走っているのである。

3　平成官僚の立法テクニック

中央省庁がこうして、市民の権利を企業に売り渡すシナリオを実行し始めているのに、巨額の負担を押しつけられる市民は完全な情報統制下に置かれている。問題が起きても、その地域特有の事態とされ、議論もダイオキシンやガス化溶融炉の安全性など、技術論に限定されているケースが多い。市民は一般廃棄物の処理がいまだに市町村の自治事務と信じて疑っておらず、その先に行政の「完全民営化」が口をあけて待っていようとは、誰も気づいていない。この先、市町村が「地方自治」の骨を全部抜き取られても、まだ気づかないかもしれない。

それは問題を気づかせないように体制をすりかえるノウハウを知る、官僚たちの立法技術のせいである。特に最近目につくのが「国の基本方針」というテクニックだ。これは改正による大きな変化を法律には書かずに、後から「基本方針」に盛り込み、議論と注目を避けるという、いわば隠遁の術である。法律にはただ一言、「国において基本方針を策定する」と書いておけばよい。その時点で基本方針の中身などを心配する者はほとんどいないし、実際に基本方針が出されるのはかなり後になるため、そのころには世間の関心も薄れ、それに興味を抱く市民はなおさら少なくなる。第三者の目が届かなければ、基本方針の中身が、企業の事業スキームをストレートに反映した利益誘導型となっても何の不思議もない。

この手を使った改悪は廃掃法に限ったことではない。この数年、多くの行政法が改正される中で一律に「国の基本方針」を書き込まれているのである。基本方針は「技術的アドバイス」という位置づけだが、国会を通さなくても、こうして基本方針に盛り込まれた政策はすべて「合法性」をもつわけで、通達以上に使い勝手がよい。

改正廃掃法の「国の基本方針」も、改正から一年もたったころ（二〇〇一年五月）に出されているが、ほとんど議論も起きなかった。「基本方針」とはいえ、原稿用紙で四〇枚ほどにもなる長大なもので、予想通り広域化計画を始めとしたさまざまな廃棄物処理のメニューが並んでいる。

改正廃掃法の「基本方針」は、①基本的方向、②目標の設定、③施策推進の基本的事項、④処理施設の整備に関する基本的事項、⑤その他からなる。

①ではまず循環型社会形成推進基本法をふまえ、循環型社会を実現させるために廃棄物の排出を抑制し、廃棄物となったものについては、再使用、次に再生利用、そして熱回収の順に「循環的利用」に努めること、次に国民、事業者、国や市町村などの役割分担等、さらにその適正処理のための体制づくりが必要なことをあげている。しかし条件付きながら産廃処理を公共関与で行うことを明記した点、また「熱回収」を循環的利用としている点など、基本はやはり産業界の保護にある。

②の「減量目標値の設定」では、この姿勢がもっとはっきりする。一九九七年度の数値を基準に、二〇一〇年までに一廃の場合で五三〇〇万トンを五パーセントに削減するのが目標だ。しかしこの実質削減に対し、四億一〇〇〇万トンにのぼる産廃の場合は、その増加率を一二％に抑えるのを目標にしており、実質的増加を認めている。最終処分量は両方とも半分に減らすのが目標だ（160ページ参照）。

③の「施策の基本事項」は現実を追認している。適正処理のために市町村は「広域的取組」を検討し、さらに一廃の処理事業は「社会経済的に効率的な事業となるよう」、必要なら手数料の徴収やPFIの活用を行うことが求められている。まさにごみ処理を営利事業化するようにとの勧めであって、市町村の自治に関わる一廃処理計画も、今後は国の策定した循環型社会形成推進基本法の施策をふまえなければならないとしている。ここではさらに、「中長期的な量および質の変化と整合をはかる」「必要なら中継基地の配置による大型運搬車への積み替えなどを行う」など、まもなく焼却する廃棄物の質が大きく変わること、収集範囲が広がること——つまり広域化計画——を暗示している。また、他の市町村と連携して行う広域的なごみ処理は、必要なら都道府県域を越えてもいいとしている。廃掃法の守備範囲を逸脱しているのではないかと思われるほどの踏み込み方だ。

都道府県は「必要なら」、廃棄物処理センター制度を活用して焼却施設、処分場を「公共関与」で整備するとしている。また、「それまでの間、適正処理に支障が生ずるおそれが高く、市町村が認める場合にあっては、市町村の全連続炉において併せ産廃として有料で処理」することもできるとしたところなど、廃掃法ではなく、産業保護法の性格が強い。産廃の排出抑制については具体的な施策はなく、適正処理の施策としてあげているのも、マニフェストや委託基準の厳守、行政命令の強化くらいだ。

国はとにかく経済発展、起業の支援しか頭にない。「廃掃法に基づく許可を不要とする措置の対象品目として追加されるための要件の明確化」はいい例で、これは廃棄物をリサイクル品として指定することで、名目上廃棄物の排出を減らすというマジックだ。循環型社会というまやかしに乗って、「リサイクル品」の名目で廃棄されるごみは増える一方だろう。その他にも国はマニフェストのコンピューター処理、情報通信技術などを活用した不法投棄の監視など新技術の研究開発、PCBの処理施設の整備、適正処理推進センターを活用した優良業者の情報提供など、廃棄物処理に係る調査研究、開発事業にも力をいれるという。注意すべきは「全国的に均衡の取れた産廃の処理体制を確保する観点から都道府県相互間の調整をはかる」という記述だ。産廃の排出にばらつきがあるのは当然だが、環境省は全国に均一に処理施設を設置しようという方針を示している。そのためにも「広域化計画」が役に立つ。

④の「施設整備に関する基本的事項」は上の記述を前提にしている。一廃処理施設は残余容量一億六四三一万トンで、処分場の残余年数は一一・一二年。減量化推進のために溶融処理を含む焼却処理、PDFなどから最適な処理方法を選択すること、広域的な処理に対応すること、全連続炉にはごみ発電を積極的に導入することなどを求めている。特に「ダイオキシン排出抑制は緊急課題であり、広域的な処理計画に基づき、中小規模の焼却施設を廃止及び集約化して全連続炉化を図る場合にはこれをできるだけ速やかに実施することが必要」としている。

産廃処理施設の整備は目標年度の二〇一〇年において必要処分容量の五年分、約五億トンの処分場の確保を目的にしている。二〇〇一年六月、環境省は産廃処分場の残余容量をあと二・六年と発表したが（もっともこの残余容量も産廃の量と同様、正確な資料に基づくものではなく信頼できない。産廃処分場は常に「あと一、二年しかもたない」とPRされてきた）が、足りない分はもっぱら納税者の負担ということになる。なぜならここには次のような記述があるからだ。

「現状では民間の容量が三分の二、公共関与が三分の一となっており、これらの状況をふまえ、必要な量を公共関与による施設整備で確保する」。都道府県が事業者なら、公有海面を埋め立てて処分場を確保するというのが、もっとも考えられる選択肢だろう。次の記述はそれを裏付けている。

「二以上の都道府県において生じた廃棄物による海面埋め立て処分については同法の活用を図るとともに、活用が困難な場合には広域的な廃棄物処理センターの活用により、処理体制を構築する。焼却施設についてもセンター制度を活用した施設整備を検討する」

もちろん小泉総理大臣の都市再生プロジェクトがこの記述に重なる。おそらく「大震災に備えた施設整備」という言い訳でプロジェクトは始動することだろう。そのほかにも全国に五カ所程度のPCB処理施設の整備、建設リサイクル法の特定建設資材廃棄物や建設廃棄物の処理施設の整備なども「公共関与」で促進されることになる。さらにこれらの優良施設については税制上の優遇措置、政府系金融機関の融資が受けられる。都道府県も「産廃処理に係る特定施設の整備の促進に関する法律（平成四年）」に基づいて施設整備を促進することとしており、日本の産業界は表面上はどうあれ、実態的には依然としてごみの心配はしなくてもいいことになりそうだ。

一方、地域住民に対しては、立地、処理方法、維持管理計画に関し、また運転中の施設に関し、情報を積極的に公開するなどとしているだけだ。住民の同意、アセスメントへの意見を生かすこと、納得のいく説明を受ける権利、知る権利は無視されている。つまり納税者は、黙って費用を負担することだけを求められているというべきだろう。この基本方針は、不幸なことにごみの増大を逆利用した新産業創出という謝った考えをベースにして組み立てられている。こんなものが基本では、ごみ問題の解決はない。


ここに書かれたメニューはすべて法的根拠をもつことになり、まさに違法がこの「基本方針」によって、ひそかに合法化される形となる。ただ、その論調がどこかあいまいなのは、なお「違法性」が解決されていないからだろう。しかし一方、問題が起きたときには「自主的」選択をした市町村に押しつけることも忘れていない。

「国の基本方針」という手法は、「地方分権」の導入を前提にした、通達以上の効果をねらった政官財の、新たな手法といえる。これを「官僚の巧妙な立法テクニック」と片づけてしまうには、彼らに対してあまりにも寛大すぎる。その技術は市民に知らせないために使われており、それは中央官僚がその違法性、うしろめたさを十分自覚していることを示している。

策定者が誰なのかわからない「国の基本方針」に従うことほど、民主主義の原則から遠いことはない。しかし今後、行政法の多くが「国の基本方針」の下で運用されるということは、ごみだけでなく、市町村の自治権そのものを国が取り上げ、すべての行政を一元的に支配するという意思、「国家戦略」があると考えざるを得ない。なお循環型社会形成推進基本法の基本方針（指針）は二〇〇一年末にも出され、環境省はこの指針をもとに二〇〇三年までに基本計画を策定し、閣議決定する予定である。

その「国家戦略」が向かうのは、前述した通り「民営化」だ。その戦略は、政治や行政の表面に出てこない「国家意思」から発し、それを具体化するために平成官僚はもてる立法テクニックを駆使して、すれすれのところで違法性を避け、露見しないようにしているのである。当然その配慮はあらゆる法令、多様な局面にわたっており、個人の立場でその全貌を見通すことは難しい。ただし、「民営化」という視点からさまざまな資料をもう一度見直すと、すでにそれへむけた準備——法令改正——の多くは終了していて、後はどうやって受け入れさせるか、という事業だけが残っていることに気づかされる。

「民営化」を進める上で最も邪魔なのが、国家行政組織に属さない市町村の存在と、それがもつ自治権である。そのことを考えると、市町村に悟らせず、その自治権を奪い去る広域連合を創設し、また、誰もが等しく関係をもつ「ごみ」問題を切り口に選んだのは、立法テクニックの極めつきといえる。それも地方自治法の改正を廃掃法改正に先行させ、広域化計画との直接的なつながりをわからなくし、内閣法制局もその不整合に目をつぶるなど、全省庁をあげての周到な準備があったことがわかる。なぜ、このような立法技術を、国民の福祉と環境保全のために公然と生かすのではなく、市民を欺くために使わなければならないのだろうか。

私たちにわからないように民営化をしのびこませたのは、それが企業の利権に直結するからにほかならない。企業原理が優先する以上、どんなごみがどこに行き、どう処理されるのかの把握は難しく、廃棄物行政は、ますます信頼から遠ざかる。何といっても市民の健康・安全を守る立場にあった都道府県が、事業者側に回ったことで、ごみ処理事業から指導・監督者がいなくなったという点が大きい。今後、すべては県と企業ぐるみで行われ、問題は市民の目から隠されることになる。ごみ処理の現場では今でもダイオキシン、重金属汚染、地下水汚染、不法投棄など、闇に葬られる事件があまりにも多い。これらの闇に回る部分が、廃棄物処理センターの溶融炉に産廃その他とともにぶちこまれても、もう誰にもわからず、止めることもできない。

二〇〇〇年の省庁再編はこれに追い討ちをかけた。廃棄物対策の所轄が厚生省から環境省へ移されたのである。環境省は「監督庁」から一八〇度転身して「事業省」となり、しかも廃棄物対策は、最も情報統制しやすいといわれる大臣官房に属することになった（大臣官房廃棄物対策部に企画課、廃棄物対策課、産業廃棄物課の三課が属す）。これで省庁にはもはや、新廃棄物政策に歯止めをかける勢力は存在しない……「広域化計画」＝「民営化計画」という国策を推進するために、全省庁あげての体制はすべて整っているのである。

彼らのごまかしのテクニックはまだある。厚生省は改正に伴って、産業廃棄物に関する企業の報告義務をなくしてしまったのである。

廃掃法施行規則第一四条は、産廃排出者、事業者の「報告の徴収」を定めた部分だが、驚くことにそれがすべて削除された。

産業廃棄物処理実績報告等の廃止（施行平成一二年一〇月一日）

旧施行規則第一四条

以下の報告書等の提出に係る規定が廃止されました

①特別管理産業廃棄物管理責任者設置（変更）報告書

②産業廃棄物（特別管理産業廃棄物）処理実績報告書

③産業廃棄物（特別管理産業廃棄物）の運搬（処分）実績報告書

④産業廃棄物の処理施設における処分実績報告書

産廃排出事業者（特別管理産廃、廃棄物輸入業者、処理業者を問わず）は、これらの報告書で事業所の所在地や責任者の氏名、産廃の種類、施設ごとの発生量、運搬先、処分方法、受託先、処分量など、実績に基づく細かな数値を県に報告しなければならなかった。それが「第一四条　削除」という二文字で、一切免除されたのである。これは一九九七年から始まった一連の「規制緩和」の仕上げともいえる改正であり、行政機関にはもはや産廃の実態を知る手立て（法的根拠）はない。

企業、事業者に報告を求められないのでは、都道府県の「廃棄物処理計画」も、大量排出者の「産廃処理計画」も実効性は疑わしい。また産廃の報告義務がなくなることで、生産は野放しになり、廃棄物の量はさらに増大するだろう。国の基本方針はこの削除の効果を見越してか、産廃はなお増大すると予測している。

この「削除」について、厚生省は「全国廃棄物行政担当者会議」を通じ、何度か県や政令市と懇談の場をもったという。これに都道府県が抵抗したのかどうかわからないが、関係者によれば、厚生省が「これまでのように一方的に義務を押しつけるのは、一般国民に無理をさせることだから、報告を出させるわけにはいかない」という奇妙な論理で押し切ったらしい。

ここでいう「一般国民」が企業を指すことは言うまでもない。しかしこのような説明はすべて口頭で行われ、文章化されたものはないという。あまりにも企業寄りで改正法の理念にも逆行するため、さぞ国民へは説明しにくいだろう。

おおまかにいうと法律は「理念」を述べ、様式、手続きなど実態的な部分は施行令、施行規則が受け持つ。施行規則を最も丹念に読むのは企業、業者だが、市民の理解と想像力はせいぜい廃掃法止まりなので、重要な変化が目につきにくい。官僚はそこをよく知っている。だから改正廃掃法では「規制強化」

【参考】

一　一般廃棄物の減量化の目標量

	一九九七年度	二〇〇五年度	二〇一〇年度
排出量	五三	五一	四九
再生利用量	五・九（一一％）	一〇（二〇％）	一二（二四％）
中間処理による減量（焼却）	三五（六六％）	三四（六七％）	三一（六三％）
最終処分量	一二（二三％）	七・七（一五％）	六・四（一三％）

（単位　百万トン／年）

二　産業廃棄物の減量化の目標値

	一九九七年度	二〇〇五年度	二〇一〇年度
排出量	四一〇	四三九	四五八
再生利用量	一六八（四一％）	二〇五（四七％）	二一一（四七％）
中間処理による減量（焼却）	一七五（四三％）	一九七（四五％）	二一一（四六％）
最終処分量	六六（一六％）	三六（八％）	三〇（七％）

（単位　百万トン／年）

（注一）小数点以下の数字を四捨五入しているため、合計が合わない場合がある。
（注二）括弧内は、各年度の排出量を一〇〇としたときの割合である。

（「廃棄物の減量その他その適正な処理に関する施策の総合的かつ計画的な推進を図るための基本的な方針」）

【説明】

二〇一〇（平成二二）年度までに一廃は排出量の約五パーセント削減が目標だが、産廃の場合は排出量の増加を約一二パーセント抑制することを目標にしており、ごみが減るわけではない。


で企業に対する厳しい姿勢を打ち出し、現実的な部分では企業責任を放棄させてバランスをとったのである。それを納得させる理由としては「民営化への準備」以外、思いつかない。

　環境省は基本方針の発表と同時に、「産廃を市町村の焼却炉で燃やすように」と市町村に要請し、それを記者発表している。廃棄物の一本化、混合焼却というショックを段階的に解消しようという意図があるようだ。市民に知らされない「民営化」への準備、それは私たち市民にひとつの問いかけを発している。このまま経済成長に頼る社会のあり方を是認するのかどうかという問いだ。否定したければ、この路線に歯止めをかけるような対抗策を急いで作らなければならない。それは決してできないことではない。中央省庁の立法テクニックは事実を覆い隠す錬金術にすぎず、タネがばれたとたん効力がなくなるものだから。

第Ⅳ章

ダイオキシン・ビジネス

「ごみ処理の広域化計画」をとりまく不整合を調べるうちに、浮かびあがってきた「民営化」への国家戦略。実はそれにむけた準備は一〇年以上も前から始まっていた。廃棄物対策の大転換は、グローバル化した世界経済への対応策として練られてもおり、根底には「国家経済」がある。そこで優先されるのは環境保護ではなく、基幹産業の死守、そして企業の生き残りという「経済対策」だ。

そこを伏せてあるため、改正廃掃法や改正自治法は、なかなか真実の姿を読み取らせてくれない。しかし業界側から見直せば、ストーリーはあっけないほど単純だ。

ここではビジネスとしての廃棄物処理を、厚生省と産業界のからみから見ていく。

1 「廃棄物処理」で生き残る

1 経済対策としての広域化計画

二〇〇〇年一二月五日、衆議院議員会館でごみ処理広域化計画に反対する市民たち（「ごみ処理広域化に反対する市民会議」）と厚生省との会談がもたれた。出席したのは生活衛生局水道環境部の飯島孝環境整備課長と室石泰弘課長補佐である。

会談は市民側の要望と質問に沿って行われた。

① 一廃の処理を市町村にまかせ、広域連合を押しつけないこと
② 産廃と一廃を混合焼却しないこと、産廃処理は企業負担とすること
③ 廃棄物政策の決定の場に必ず市民を参加させること
④ 廃棄物に関する情報を公開すること

テープと記録から再現した厚生省の言い分は、だいたい次の通りだ。

◉広域連合は自治省の管轄で、ウチ（厚生省）は広域化を指導していない。

◉広域化計画は押しつけではなく技術的・財政的支援にすぎないが、（通達行政を是正するために）前国会（二〇〇〇年六月）の改正廃棄物法では、国で方針を、都道府県で計画を作るようにした。市町村は県に一廃を位置づけてもらいたいと思っている。広域化計画は自治事務の侵害ではなく、支援である。

◉日本で焼却処理を止めるわけにはいかないが、大量生産・大量消費が根本原因であることはわかっている。その反省から改正法とリサイクル法が成立した。

◉（ダイオキシンの）発生抑制には生産抑制が一番いいこともわかっているが、経済成長を抑制することになるから国としてはそうはいえない。低成長は我慢しても、マイナス成長は国民みんながいやがる。

◉素材対策も生産抑制と同じで、ダイオキシンが出るから塩ビを生産してはいけないとはいえないので、廃棄物になりにくい製品を作るようにいっている。日本の経済を縮小することはできないが、塩ビは燃やせばダイオキシンが出るという表示をしたらいいと考えている。ドクロマークをつけるとか。

◉管理された焼却炉ならダイオキシンを大気中にほとんど出さないで済む。とにかく最終処分場があと一年半しかもたないというところから出発している。

◉今の都会生活を見ていると、自区内処理は不可能。長期的には減量化が進むから、広域化計画など不必要になる。五割削減を実現している市町村があるのも知っているが、国としてその数字を全国平均として計画を立てることはできない。

◉広域化計画は短期的なメッセージであって、長期的な問題の解決方法ではない。長期的解決方法としては排出者責任をとる。本当は生産者責任まで行くべきなのだろうが、いきなりそこまでは行けないのでリサイクル法を作った。

◉リサイクル法は生産者の二割負担が、四〜五年後に五割負担になる。急にはできない。商品販売時にリサイクルの値段を上乗せすると生産を抑制してしまうから、排出時に厳しくした。（それによって不法投棄が増えても）それは今後直せばいいことだ。

◉廃棄物処理センターを規制緩和したのは、公共関与で適正処理を行うため。今後、リサイクル法が全部施行されると、自動車、自転車なども焼却処分の対象になってきて、産廃の処理施設が大幅に必要になる。

◉高温溶融炉は耐用年数が短く、二〇年しかもたない。広域化はその間だけの過渡的な政策です。

◉これからは役人は、政策の執行に徹した方がいいと思う。

二時間近い会談の中で、はからずも「循環型社会」の真実が「経済対策」であることを白状している。回答した飯島課長は、だからこそ生産抑制はできないし、素材対策も、企業活動を阻害するような政策もとれない。産廃処理は「公共」が行う。そうして産業界が負うべき処理コストを市民に押しつけ、都市住民のごみを農村に運ぶ……それに反論すると、これは今の政治の意向を汲んだ政策で、変えるなら政治家を変えるべき、との発言も飛び出した。

確かに、「役人は政策執行に徹した方がいい」との発言に、能力のない国会（立法府）に代わって政策を立てる官僚たちの悩みが感じられなくもない。だからといって彼らの責任が軽くなるわけではない。広域化計画、広域連合、廃棄物処理センター、改正廃掃法、リサイクル法など、矢継ぎ早に打ち出した政策は、すべて日本経済救済のための、いわば「住民だまし」であることを、彼ら自身が認めているのだ。

しかもその政策には、企業の負担を軽減するだけでなく、業界にひと儲けさせようという意図がある。特に焼却炉建設に関わる業界はメリットが大きい。厚生省によれば、全国の一廃の焼却炉は約三三〇〇、産廃の焼却炉が約五七〇〇あるという。

「広域化計画」によって、これら九〇〇〇以上の炉の解体・建て替え需要が創出されているのだ。平成九（一九九七）年度における中間処理（焼却）量は約二億一〇〇〇万トンとされるが（160ページ参照）、ためしに、この数字にガス化溶融炉の建設費用とされる「トンあたり一億円」をかけると、天文学的な数字になる。広域化計画は鉄鋼、高炉メーカー、ゼネコン、土木業界など構造不況業種にとって、起死回生のビジネスチャンスなのだ。

そううまくはいかないにしても、広域化に巨額のコストが必要なのは事実で、今後、関連産業を含めた市場規模は三〇兆～六〇兆円になると断言する関係者もいる。とりあえず二〇〇一年度の廃棄物処理施設の予算は約一七〇〇億円、前年度の八パーセント増しだ。その恩恵は、メーカーはもちろん、関連業界の電気、運搬、燃料、機械など、あらゆる分野に及ぶ。しかも厚生省がいうように、広域化政策が高温熔融炉の寿命の間だけのものだとすれば、二〇年後、あるいはもっと早く、次のビジネスチャンスがめぐってくることになる。これほど周到な用意で進めてきた政策を「過渡的」とするのは、厚生省がガス化溶融炉の失敗を見越していることを示している。前述したように、この「実験的」新技術の破綻が明らかになるのはそう先のことではないだろう。しかしたとえ失敗しても、それまでつぎ込んだ費用は経済界をうるおし、企業の延命につながるというのが「国」の考えなのではないか。

非効率、無駄な公共事業費ほど企業を太らせる、というパターンは今に始まったことではなく、戦後五〇年以上、一貫して変わっていないのだ。そのパターンに「日本経済救済」という課題が与えられれば、厚生省が産廃処理を公費負担にすべく、法律づくりに知恵を絞ったのは当然だったのかもしれない。何しろこの国では「国民」とは「企業」のことなのだから。

2 「ごみ」で生き延びる業界——「新産業」への思惑

行間を読んでその意図をさぐらなければならない法律と違って、経済界の立場は極めて明快だ。その財界と、厚生省の新・廃棄物政策との関わりを示すのが、二〇〇〇年一月に経団連が出した、「循環型社会の課題と産業界の役割」と題された意見書である。これはまず「循環型社会の推進にあたっては、自主的取組みが最大限活用されることが重要」と、なるべく国の規制を廃し、企業の自主性にまかせるよう、クギをさすことから始めている。少し長いが次に引用した（傍線筆者）。

①循環型社会の一部としての処理・処分施設

民間が産廃施設の確保に取組むのはもちろんだが、国・都道府県は、焼却炉や処分場を必要不可欠な社会インフラと位置付け、都道府県自らが事業主体となることも含め、建設促進に実効ある措置を講じることが期待される。特に利害関係者間の意見調整等を行なうなどの建設促進に向けての環境整備、システムづくりが当面の重要課題。

②一体的、効率的処理の推進

一般廃棄物と産業廃棄物を分けて処理するやり方を見直し、一括・効率的処理を可能にする都道府県をこえた広域処理を推進する等、法制度の見直しが重要。

③排出事業者責任

不法投棄・不適正処理の防止は喫緊の課題。排出事業者は、不法投棄や不適正処理に繋がる処理委託はしてはならない（廃棄物が適正に処理されたかどうかの確認の必要性）。不法投棄を行った処理業者が不明もしくは資力不十分で、処理委託した排出事業者の責任が明確な場合には、原状回復を行うものと理解。

④—1　不法投棄・不適正処理の根絶

不法投棄の監視・取締り体制の一層の強化が肝要（悪質な業者に対する法の厳正な適用と、厳罰の適用）。優良な処理業者が発展し、廃棄物処理が産業として確立するための業許可要件等の見直し（資金力・技術力の審査等）。経団連は、産業廃棄物処理事業振興財団ならびに不法投棄原状回復基金への協力を通じて、処理施設の整備ならびに不法投棄・不適正処理の防止、円滑な事後対策にも努めている。

④—2　使用済み製品毎の処理・リサイクルの推進

生産者が重要な役割を果すことは当然。併せて国、地方公共団体、消費者も含めて、社会全体の効率性という観点から、それぞれの役割と責任を分担することが必要。今後も、業種・業態の実態に則して、使用済み製品の引取・処理・リサイクルシステムをつくっていくことが有効（容器包装リサイクル法、家電リサイクル法、使用済み自動車リサイクルイニシアティブの例など）。

この経団連の意見書の半年後の改正廃掃法の中身は、これをほぼ忠実になぞっている。傍線部分を簡単に説明しよう。

①は都道府県が直接、産廃処理事業を行い、ついでに地域住民（利害関係者）の反対を押さえるような立法措置を求めている（前述の通知による同意条項の見直しの試みがそれにあたる）。

②でははっきりと産廃と一廃の一本化、混合焼却を求め、広域処理できるような改正を求めている。この部分はすべて改正法に盛り込まれた。

③は「事業者の報告」削除につながる部分で、ここに書かれた廃棄物の適正処理を「確認」するのは、行政ではなく事業者だというふうに読まなければならない。「原状回復を行うものと理解」という妙な言い回しも、法に「原状回復命令」を盛り込まないで、業界の「自主的活動」にまかせろという意味だ。

④―1は「民営化」につながる部分だ。今後、静脈産業がすべて民営化された暁には、これまで闇に回る廃棄物を一手に引き受けてきた「悪質業者」は邪魔になる。そこで悪質な業者は法で取り締まれというのである。不適正処理するかもしれないとわかっていても、安く処理を引き受ける業者がいれば、多くの企業はそれに乗ろうとするし、現に乗ってもきた。暴力団関係者につけいられるすきは、利益誘導のために国政を動かしてきた財界の体質そのものにある。

④―2は「社会全体の効率性」をあげるために、行政も市民もすべて企業、産業界に協力しろというところだろうか。その主張をまとめると「規制の撤廃」「民間活力の利用」「小さな政府」となる。

廃棄物処理は金がかかる。本来はそのコストを製品に転嫁し、生産者に廃棄後の処理責任を負わせることで、無駄な商品、長期使用に耐えない商品、使い捨て商品などの生産を抑制し、廃棄物が出ないようにするのが王道だ。

日本の産業界―省庁連合が、企業保護と経済成長を最優先させ、これと正反対の政策をとり続けてきたのは、産廃を企業自ら適正に処理すると、コストがかかって仕方がないからである。廃掃法は「生産者責任」を骨抜きにしたため、生産は野放し、廃棄後の回収も不要、古くなったり、売れなくなったりしたら、そっくり廃棄し、倉庫代を浮かせる、処理は「合わせ産廃」として市町村に行わせ、処分場は「公共関与」で都道府県に作らせるという体制が定着してしまった。日本製品の競争力・輸出力は、企業が廃棄物のコストを内部化しない（払わない）という、無責任な産業体制の上に培われてきた。平成の大不況を招いた銀行の「護送船団方式」と同じ構造は、日本の産業界すべてが抱えている。

住民は生活環境をおびやかす現実的な問題――処分場や焼却炉の立地など――には大きく反対したが、産廃そのものを取り上げて、生産規制や生産者責任を追求することはなかった。

行政も産廃問題を直視するのを避けてきた。都道府県が作ってきた産廃処理計画は、検証されることのないペーパープランにすぎず、決め手とされたマニフェスト制度も欠陥の多いシステムだ。これは産廃の移動と処理の状況を、マニフェストと呼ばれる産業廃棄物管理票を通じて把握し、不法投棄などを防ぐという目的で一九九一年の法改正で導入された。排出者は廃棄物の処理を委託するときに、処理業者にマニフェストを交付し、処理業者は処理が終了した時点で必要な事項を記入して排出者に戻す。もし管理票が戻らなければ、排出者は自ら処理の状況を確認しなければならない。しかしマニフェスト自体は行政に届ける義務はない。行政は処理の流れを追うことはできず、マニフェストの記載が正確かどうかについても確認する手続きは含まれていない。結果として産廃問題は産業界の大きなブラックホールとなり、問題は悪化した。

その一方、早くから処分場の不足に気づいていた産業界は、繰り返し「処分場の余命はあと一年半」などと訴え、さまざまな改正、通知を通じて産廃処理への公費負担と広域化をはかろうとしてきた。しかし一九九〇年の生活環境審議会の提言以降は、公然と「広域化」と「公共関与」を求め始めた。

「五、広域的対応と公共関与の推進処分場の新設は益々困難となっており、残余容量が全国的に逼迫して、今後、適正処理にあたって最大のネックになることが予想される。廃棄物を排出源近くで処理することは当然だが、大都市圏など、このような考え方だけでは適正処理の確保が困難で、一般廃棄物も含めた広域的な対応が必要と考えられる。

また産廃についてはこれまでのように民間事業だけに中間処理・最終処分等を委ねることには限界がある。このような観点から排出事業者責任の原則を堅持しつつ、公共が関与した中間処理施設や最終処分場の確保策を講じていくことが必要である」(「今後の廃棄物対策の在り方について」平成二年一二月)

この後の旧・新のガイドラインで「広域化」が段階的に実現されているので、このことと産廃の報告義務「削除」を考えあわせると、今後、廃棄物処理は、まったく業界のフリーハンドにまかされることになる。

そこまで財界が「自由化」にこだわるのは、今後、新技術、先端技術を生かした「静脈産業」を、衰退激しい日本経済の中核に育てようという意図があるからだ。ごみ処理に無関係な産業はないし、環境意識を背景にマーケットは巨大化しつつあり、産業の裾野も広げられるし、それが経済活性化につながるとの読みだ。すでにそこではごみ発電、解体・分別技術、工場廃水処理技術、廃触媒回収事業、ゴミ回収の遠隔監視システム、廃プラスチックや廃材の高炉還元技術など、有効無効、有益無益入り乱れたさまざまな事業が生まれている。中でも下水や地下水浄化、土壌汚染浄化は焼却とセットの技術として、大きな位置を占めるだろう。保険、金融、不動産分野も無縁ではなく、汚染リスク保険や、汚染土地の評価といった事業が出始めている。

もうひとつ必須なのは地方公共団体との提携だが、厚生省の指導でこれもほぼ用意が整っている。たとえば、神奈川県横須賀市は二〇〇〇年八月、㈱リフレックスの「一般廃棄物処理施設」の設置を許可した。ところがこの事業は県下七市町村が出す合計一日三〇〇トンの灰のうち、一一二トンを受け入れ、IHI（石川島播磨重工業）のコークスベッド炉で溶融処理するものだという。広域化計画には何の記載もないのに、民間企業がすでに広域化の受け皿となる事業を行うことが決まっているのだ。公開請求すると、横須賀市はこの内情について、「市町村名は公表しないように」と「指導」していた記録があった。

リフレックスとほぼ同じ場所で、トーメンパワー横須賀が「横須賀パワーステーション建設事業」のアセスメント手続を始めたのは二〇〇一年一月。電気事業法改正を受けた形だが、トーメンにとっては四番目の発電所で、東京電力への売電が主目的だという。しかし不況で電力需要が落ち込む中での発電所の新設は、これまでと違う需要を見込んでいるからにほかならず、溶融炉への送電が主な事業目的だと思われる。現地は東京湾に面した工業地帯で、深浦湾を隔てた反対側には米軍火薬庫が広がり、周辺には下水処理場、日産自動車、住友重機などのメーカーがひしめいている。自動車業界は最も廃掃法の「恩恵」を受けてきた業界だが、新法の成立をにらんで、コストを回避する作戦が、こうして産業界すべてを巻き込んで練られている。

改正廃掃法も改正電気事業法も、多くの企業にとっては、新産業の創設がかかった大きなビジネスチャンスを意味している。

3　廃棄物半島――ごみで海を埋める

経済界の本音が、規制のない自由な生産体制と消費の回復と、それがもたらす「経済活性化」である以上、廃棄物は減らない。減らない廃棄物が最終的に行き着くところ、それは海だ。広大な海浜部を廃棄物の最終処分場にしようという財界の意図を、よく反映していると思われる文章がある。埼玉大学大学院教授、東京大学名誉教授の藤田賢二氏の文だが、長いので趣旨を損なわないように短くまとめた。

「わが国には毎年一・五億トンもの物質が蓄積を続けている。それらはいつかごみになって出てくる。この膨大な質量を考えると、リサイクルやダイオキシン対策などの施策が百パーセント成功したとしても、それで廃棄物問題が解決することはない。

廃棄物処理・処分の要諦は最終処分場にある。十分な容量の良質な最終処分場があれば、廃棄物問題の大部分は解決すると思っている。不法投棄の大きな原因は最終処分場の不足に由来する。ダイオキシンは規模の大小にかかわらず焼却処理から生じるのであって、直接埋立できれば発生することはない。

すべては十分な容量の最終処分場があれば解決する。今後半世紀から一世紀の間、排出される廃棄物（すべて）を受け入れられるような大容量の処分場を用意し、そこへの運搬手段を構築し、運営することこそ根本的施策であると考えている。世紀単位の容量を提供できる場所として、日本には海がある。外洋に廃棄物半島を突き出して、国土を創出しようという提案を長年続けている。われわれの技術を駆使すれば（海洋への）影響は最小にできるはずである。

全国から廃棄物と建設残土を集めれば、一〇年でかなりの大きさの半島になる。今の日本の繁栄が続けば、五〇年ほどで三浦半島並みの更地ができる。半島ができれば同時に湾ができる。海岸線も長くなる。河川が運ぶ砂をうまく利用すれば、以前に増して海の生物の棲家が創出できよう。

できた半島をどう使うかは大いに議論すべきである。一部を廃棄物受け入れ施設や処理工場、ガス発電所に使ってもいいし、都市を建設しても、空港を造ってもよい。二一世紀は「ごみ上の楼閣」が似合うかもしれない。この廃棄物半島計画は廃棄物問題のほとんどを解決すると同時に、国土を広げ、湾を創出する。国益である。さらにこの計画を実行するためには、鉄道、船舶、ごみ荷役施設、中間積替場などが必要であり、それらを造り、運営することは景気対策になる。困りものを国益に変える技である。廃棄物問題はもう小手先の施策では解決できない。国益に視点をおいた原木をまさかりで断ち割るような根本的な施策が必要である」（廃棄物研究財団発行「財団だより」No.41の巻頭言　一九九九年一〇月）

論評は避けるが、これを読めば、日本で発生対策、生産抑制を訴えることがどれほどむなしいか、実感できるのではないだろうか。


しかしここに描かれているのは決して絵空事ではない。「ごみで国土を増やす」政策は、古くは東京湾の夢の島、大阪湾のフェニックス計画、最近では横浜市の本牧埠頭などで、すでに実施されている。特に巨大都市の東京、大阪、名古屋などでは、内陸部に処分場を作るのは事実上、不可能で、矛先が向くのは海しかない。

小泉政権の誕生で、それはただちに具体化されるようになった。

彼を本部長とする都市再生本部は二〇〇一年六月、「二十一世紀型都市再生プロジェクト」を発表した。これは「広域循環都市」「安全都市形成」「交通基盤形成」「都市拠点形成」などをテーマに、それぞれの大規模開発事業を統合した一大プロジェクトで、東京都の臨海部の大開発をめざしている。

その中核が「広域循環都市」づくりをテーマにした、「首都圏スーパーエコタウン構想」である。東京湾の中央防波堤埋立処分場や城南島埋立地に、ＰＣＢ（ポリ塩化ビフェニル）の処理施設、リサイクル施設、それに廃プラスチックのガス化溶融発電施設、風力発電施設などの新エネルギー施設を、ＰＦＩ方式で建設するというもので、アイデアの出所は経済産業省で、すでに全国一三地域でエコタウンプランが承認されている。そこにアクセスするための環状道路や、連続立体交差などの道路建設も必要で、二〇〇一年度分として環境省が約一七〇〇億円、経済産業省が約一四億円の予算を準備している。まさに産業界のための一大事業である。もっとも都市再生本部自体が、政府の緊急経済対策をふまえて設置されており、小泉首相も「資金やノウハウなど民間の力を都市に振り向ける」「新たな需要の喚起」などと発言するなど、産業界のてこ入れ策であることを隠していない。

首都圏におけるエコタウン事業の主体は「東京圏」の東京、神奈川、千葉、埼玉の一都三県とされているが、少なくとも神奈川県民には何ひとつ知らされていない。この事業を行うため、国は自治体に無利子貸付の制度を創設するという。ＰＣＢ処理を行う以上、国も出資することになるはずだ。広域連合も視野に入れているとも考えられ、ここが首都圏のすべてのごみ受け皿になり、廃棄物の増大傾向が続くことは間違いない。

これは一九八七年にいったん打ち出された「東京湾フェニックス計画」の拡大バージョンだ。つぶれたはずの計画が、いつのまにか復活をとげている。

海面を廃棄物で埋め立てることを許した「広域臨海環境整備センター法」（略称「フェニックス法」一九八一年）は、東京湾では失敗し、大阪湾に限定した特別法となったが、その大阪湾では、増え続ける廃棄物に対処するために、早くも第二次フェニックス計画が動き出し、和歌山沖の廃棄物処理島などを含め、すでに処分場は海上へシフトし始めている。首都圏でも大阪湾に倣えという業界からの圧力があったのだろうか。もちろん、東京湾スーパーエコタウン事業を実施するにはフェニックス法の改正が必要だが、ことの進みぐあいを見ると、それはいじらないで、改正廃掃法と広域化計画、改正海岸法の中で対処するつもりかもしれない。

一九八七年当時の東京湾フェニックス計画「基本構想」では、一〇年間で約一億一〇〇〇万トンの廃棄物を処理する予定だった。廃棄物の割合は一廃二五パーセント、産廃二〇パーセント、陸上残土五〇パーセント、浚渫《しゅんせつ》土砂五パーセントなど、ゼネコンが大活躍していた当時を反映した数字となっている。費用は、海上輸送の積み出し基地、処分場、施設整備費などを含め、二八〇〇億円と見積もられていた。しかし環境汚染への不安や、人々の環境意識の高まり、さらに新技術という要素が入る今、この数字は何倍にもはねあがるはずだ。

廃棄物で海を埋める。この環境破壊計画が、首相を責任者として、関係省庁、大臣、地方公共団体、経済界などが総力をあげて取り組む国家プロジェクトだというのだから、日本の環境行政への道ははるかに遠いといわざるを得ない。人間が作り出した廃棄物で海や森を埋め尽くそうというのは、人間の存在基盤を破壊することにほかならず、それを「国益」というなら、「国益」は市民の生活権と対立する。

「再生」が必要なほど、大都市は病んでいる。手当てが必要で、それをしないと都市は死んでしまう。その病をそのまま海に持ち込めば、海もまたおかしなことになる。この国の政財官界はいったいいつになったら、そのことに気づくのだろう。

2 ダイオキシン問題を利用する

1 日本がダイオキシンを認知した日

今でこそ知らぬ者のいない「ダイオキシン」だが、一〇年前は違った。その名をあげるのもタブーなほどで、それが生活に身近なごみの焼却場で発生していることを知る人も、ごく少数だった。何しろそこで働く労働者さえ知らなかったくらいだから。

ほとんどの人は、一九九九年二月一日の、テレビ朝日による埼玉県所沢市のダイオキシン報道騒ぎで、初めて「ダイオキシン」について知ったのではないだろうか。それ以前にも報道がなかったわけではないが、その切り口はあいまいで、「ダイオキシン」の危険性が市民に定着するまでにはいたらなかった。

ところが所沢市のダイオキシン騒動は、いつのまにかテレビ局による「風評被害」が強調されるようになり、それはやがて農業保護と「報道の自由」問題にすりかわっていくのだが、それでもこの報道は市民の頭に「ダイオキシン」をしっかりとインプットした。しかしそれと焼却炉の関係を市民がはっきり知ることになったのは、その直後に報道された大阪府能勢町のダイオキシン汚染問題によってである。

所沢市ではテレビ報道以前から、処理施設に反対する住民の間で大きな運動が起きていた。施設の集中が「産廃銀座」と呼ばれるほどになり、大気汚染による健康被害が問題化しており、一九九八年三月には土壌から高濃度のダイオキシンが検出されていた。しかし所沢の問題を、「ダイオキシン」と結びつけた報道は、テレビ朝日が初めてだったといっていい。

能勢町の場合も、実際の「事件」はテレビ報道の二年前のことだ。

場所は大阪府の最北部、能勢町と豊野町の二町が設立した一部事務組合の「豊能郡美化センター」だ。厚生省は一九九六年七月から全国一斉にダイオキシン類排出実態総点検調査を開始し、一九九七年一月から順次結果を発表していた。同年五月の新ガイドラインで、ダイオキシンの排出基準値を八〇ng-TEQ/Nm^3とした厚生省は、六月になって美化センターの排ガス濃度が、府内で唯一、基準を上回る一五七ngであると発表したのである。センターは即刻停止され、ごみは他の市町村に委託されることとなった。

二カ月後の八月、組合が行った土壌と水質の調査の結果、施設の真下にある府立高校の農場から二七〇pg/gという極めて高い濃度のダイオキシンが検出されたことがわかった。そこで組合は一二月に学識経験者による「検討委員会」を作った。

検討委員会は再々調査を行い、一九九八年四月に、焼却炉周辺の土壌が八五〇〇pg／gという高濃度のダイオキシンで汚染されていたことを公表したのである。新聞がそれを書きたて、小さい町は大騒ぎになった。この衝撃的な数値が市町村の行政域を超え、政府を巻き込んで「ダイオキシン対策特別法」の制定へとなだれ込んでゆく。

事件に対する大阪府、環境庁や厚生省の対応は非常にすばやかった。

大阪府はただちに「大阪府ダイオキシン対策会議」を設け、対策と調査を指示した。六月には「ダイオキシン類に関する環境対策検討委員会」を設置、組合とともに関係省庁に緊急対策の要望書を出している。一〇月には汚染に対処するため「ダイオキシン類健康評価等専門委員会」を設置し、血中濃度の測定を始めた。

事件には国も乗り出した。環境庁は一九九八年五月に「土壌中のダイオキシン類に関する検討会」を開き、八月には「長期大気曝露影響調査」の実施を決定している。厚生省は一九九八年六月に「ダイオキシン対策技術専門委員会」を設置した。七月、専門委員会は現地調査を行い、九月には「湿式排ガス処理施設の循環水が、冷却施設から霧状に飛散した疑いがある」との中間報告を出している。能勢町の美化センターは、国によるダイオキシン汚染認定施設第一号となったのである。

一九九九年三月には各機関が血液検査の結果を発表している。大阪府の調べによると、府民の平均値二〇・四pg／g fat（脂肪一グラムあたり、以下単位略）に対し、能勢町民の平均値は二三・九pgと二割ほどの違いだ。しかし労働省の調べによると、センター労働者の平均値八四・八pg、最高値は八〇五・八pgと、けた違いの高さを示している（詳述する紙数はないが、労働者の中にはクロロアクネの症状を訴える者もあり、その後の解体作業を通じて汚染はさらに広がった）。

一九九九年六月、政府は「ダイオキシン対策関係閣僚会議」において、ダイオキシンの耐容一日摂取量（ＴＤＩ）を体重一kgあたり四pgと定めた。七月にはこれらの流れを受けて、「ダイオキシン類対策特別措置法」が公布される。一九九八年から一九九九年にかけて、日本はまさにダイオキシン一色だった。

このような対策と並行して、大阪府が進めていたのが広域化と、施設の解体手続きである。府は兵庫県と大阪府にまたがる広域組織（ここでは一部事務組合）の設立申請書を出し、同時に施設の解体・撤去方針を決めた。当事者の組合は何も知らされていない。解体業者も大阪府がインターネットや新聞を通じて「公募」した。一九九九年二月の技術審査を経て、日立造船を選定し、三月には解体事業契約を交わしている。費用は全部で九億円以上、国は補助金の交付を決め、起債も許可したという。

「能勢」が「全国版」になったのはこのころのことである。問題の発覚から二年後、施設は解体直前だった（解体作業開始は一九九九年七月）。

この事件の報道は住民に大きなショックだったはずだ。住民の福祉増進を目的にしているはずの公共施設が、危険施設であるということが証明されたのだから。しかしそれ以上に、この事件は市町村という行政組織にとって強烈なインパクトだっただろう。特に廃棄物の担当者は、ダイオキシン処理の厄介さを身にしみて感じたはずだ。この事件で思い切って「広域化計画」に走った市町村も多いだろう。

一九九九年といえば、広域化計画策定の期限でもあり、廃掃法の改正作業の最中でもあった。改正法の公布前に、締め付けではなく、市町村を「広域化」に誘導する上で、所沢、能勢の報道は非常にタイミングがよかった。

この二つの事件が、発生からかなりたった時点で、連続的に報道されたことに、何らかの「意図」を感じる人は少なくない。それに加えて、国・県のあまりにすばやい対応、県境を超えた広域連合の設立、特別法制定までの手際のよさ、などを考えると、能勢町は「広域化」を受け入れないと大変だよ、というメッセージを全国の市町村に発信するために選ばれたのだろう。大阪府の一番奥、人口が少ない農村地帯がここでもターゲットにされている。

この報道は一方で、厚生省の「転身」も見事に隠している。

過去二〇年、厚生省の廃棄物政策は完全に世界に後れをとってきた。ところが、ダイオキシンを完全否定していた日本が、いきなり「広域化計画」という解決策を引っさげて、世界のトップランナーに踊り出たのである。しかし「所沢」と「能勢」を始めとするダイオキシン報道の嵐は、この重大な「変身」をかすませてしまった。

ダイオキシン問題の発現が遅れ、それが一気に解決策を伴って浮上してきたのにはそれなりの意味がある。

先進国ではダイオキシン問題を、生産と製造に由来する深刻な社会問題としてとらえてきた。一九七六年のイタリアのセベソ事件をきっかけに、各国で化学製品の製造現場からダイオキシン類流出・汚染事件が問題視されるようになり、同時に、ごみ焼却についても警鐘が鳴らされるようになった。

日本でも一九八三年、愛媛大学の立川涼教授が、初めてごみの焼却灰からダイオキシンを検出している。焼却主義に偏る日本では当然予想された結果だったが、厚生省は決して「焼却炉からダイオキシン」を認めようとせず、以来二〇年にわたり、一貫してその存在を否定してきた。この間、海外ではWHO（世界保健機関）がダイオキシンを発ガン物質と認定し、ごみの非焼却処理への転換が進むなど、大きな変化が起きていた。

厚生省は一九九〇年にようやく「旧」ガイドラインを設定し、数値目標を設定する。ところが今度はその数値のあまりのゆるさが問題となった。

しかしそれを改定した一九九七年の新ガイドラインは、旧ガイドラインとはまったく性格が違っていた。相変わらず「具体的に問題になる量ではない」としながらも、ダイオキシンの存在をはっきり認め、さらに「高温溶融炉で分解、無害化」という解決策まで提示したのだ。予測をはるかに超える国の政策大転換に、具体的なデータをもたない研究者は沈黙してしまったのである。

産業界の姿勢が変化したのもこのころだ。ダイオキシン問題を黙殺している間、メーカーは巨大な装置の中で発生させたダイオキシンを、スラグに移行させるという「新技術」を開発し、後は建設を待つばかりだったのだ。

この新技術の弱点は、実用炉でなければ有効性は確かめられないという点で、とにかく建設させることが肝心だった。もちろん失敗の可能性は大きい。が、失敗しても施設が大きければ元がとりやすい。当初、広域化で、炉の規模を「最低三〇〇トン」としたのは、このような単純なソロバン計算から出たのではないだろうか。

もうひとつの弱点は「有害物質」の排出を前提にしていることだ。問題が多いほど、装置は複雑化し、メーカーの利潤は多くなる。広域化計画とダイオキシンは、どちらが欠けても成立しない。

所沢と能勢のダイオキシン報道の絶妙なタイミングは、この人工の猛毒物質を、商売に利用しようという業界の意図を疑わせる。報道を使って世論を操作する場合はいくつか条件がある。対象物が容易にはとらえられないこと、それが恐怖をかもし出すこと、だ。ダイオキシンほどそれにぴったりのものはない。

2　独占と談合を仕切る――廃棄物研究財団

このような廃棄物処理に関連する業界の受注争いは熾烈を極める。しかし「国策」がからむ以上、それを取り仕切る組織もちゃんとある。朝日新聞の一九九八年五月の記事は、その組織について少しばかり触れている。「ダイオキシン測定で登録制廃止後も調査業務を独占」という見出しで始まる、次のような記事だ。

「厚生省の外郭団体、財団法人廃棄物研究財団（山村勝美理事長、東京都新宿区）が、ダイオキシンの測定業務をする会社の登録制度を設けていた問題で、登録制度がなくなった後も登録業者を中心に研究会が作られ、大半の自治体で調査業務をほぼ独占していることがわかった。厚生省が昨年二月に都道府県に出した通知によると、測定分析を依頼する会社の条件として、測定分析設備を持つこととしており、外国の分析業者と提携して低価格で参入しようとする企業が事実上締め出されている。その結果、日本の測定・分析料金は米国の二倍以上に達している」

廃棄物研究財団（＝以下「財団」）は一九九一年にこの登録制度を始めた。ところが厚生省は、調査に対しては登録業者を使うよう求める通知を出したため、そこから排除された業者らがこれに反発し、この制度は一九九六年五月にいったん廃止されている。

ところが東レリサーチセンターなど登録業者二四社は、新たに「廃棄物処理に係わるダイオキシン類測定分析技術研究会」を作り、財団に事務局を置いた。そして大学教授らを顧問に迎え、厚生省の挨拶文などをつけた名簿を、市町村に送りつけたのである。厚生省はまたも課長通知で、「測定分析にあたっては、一定の技術レベルを有すること、測定分析に必要な設備があること」などと、暗に研究会参加企業の採用を求めた（一九九七年二月）。このため、市町村の多くは研究会メンバーであることを指名競争入札の条件にし、非加盟企業や、海外との提携企業は入札から排除されてしまったのである。特定の企業群と厚生省による一種のカルテル行為だ。

実はこの通知は、技術面で先行している欧米企業の排除締め出しがねらいだった。ダイオキシン分析業務の需要は急激に増え始めていたが、何か手を打たないかぎり、費用も日本の三分の一と安く、信頼性もあるとされる海外企業に受注をすべて奪われかねない情勢だった。厚生省は自国の産業保護のために、通知という形の非関税障壁を設けたのである。実はこの財団こそ、「新ガイドライン」を作成し、日本の廃棄物行政を引っ繰り返した張本人だ。同財団は一九八九年八月、厚生省の呼びかけに企業や関連団体が拠出し、廃棄物処理に関わる調査研究、技術開発を行う機関とのふれこみで発足した。なお本書で何回か引用している「財団だより」はその機関紙で、先にあげた「廃棄物半島」はその十周年記念の巻頭言である（本書177～178頁）。その創刊号には、厚生省の杉戸大作水道環境部長（当時）も文章を寄せている。

「……（廃棄物処理事業において、）今後、高度かつ多用な技術の導入、研究開発を有機的、総合的かつ迅速に推進する必要があります。そこで厚生省としては国、地方公共団体、大学、民間企業等全ての関係者が参加できる研究開発組織について、一昨年その構想を打ち出して、関係各位とご相談を重ねてきた……」（「財団だより」一九八九年一〇月）

これにプラントメーカー、特殊車両メーカー、コンサルタント会社、施設管理会社、関連団体、都道府県、市町村、関連法人などが続々と加わり、その数は一九九九年一〇月には二三〇団体（六名は個人、名誉会員）となっている。加盟九六社のほとんどは大企業で、石川島播磨重工業、荏原、川崎重工業、栗田工業、タクマ、日本鋼管、日立造船、三菱重工業など、主要メーカーがすべて顔をそろえている。コンサルタントや維持管理会社も同様、損保会社は東京海上、住友海上、三井海上、安田火災の四社。これに二七都道府県、七八市町村が加わっている。

これは妙な構図である。技術の売り手と買い手が同じ財団に属し、情報を共有しているのだ。それも財団自ら作った「新ガイドライン」で、採用する技術を義務付けているとあっては、国の主導によるインサイダー取引、闇カルテルではないだろうか？　すでに財団は一九九〇年の旧ガイドラインで「施設の建設にあたっては（旧）ガイドラインに従うこと」を求め、「ダイオキシン類の測定は財団法人廃棄物研究財団の体制を活用すること」ともうたっている。前述の「登録制」はこれに拠っている（なお二〇〇一年以後は、環境省の独自調査については、環境省が独自に資格審査を行っている）。

もとより財団は厚生省の研究の委託先として設立され、発足後は唯一の「官民共同」研究機関として、政策立案、「次世代技術」開発などに取り組んできた。もちろん厚生官僚の天下り先でもある。しかし財団には独自の研究員はいないし、施設もない。一九九一年には廃棄物学会を発足させ、そこに集まる「環境」学者を権威づけに使うようになったが、それでも技術基準などを出せるのは、学者でも厚生省でもなく、研究員と施設を備えた企業である。つまり、企業＝財界は、財団という衣を着て、直接的に政令づくりに関わっているのだ。日本の法律が企業に優しく、個人に苛烈なのは、多くの法律がこうして企業の関与で作られているからだろう。おそらくどの省庁にも同じような構造がある。

財団は一九九四年には、官民の枠を離れた自主事業として、廃棄物処理に関わる「技術評価」と「技術開発支援」事業を始めた。民間企業の技術を、財団が「第三者機関」として評価・支援するというものだが、これが大手のガス化溶融炉ばかりが採用されている背景になっている。判断力のない市町村はその「評価書」を入札の条件とするようになったためで、結果として中小企業がはじき出されてしまった。二〇〇一年までに技術評価を得たのは、ごみ処理技術、し尿処理技術合わせて二九件。もちろんガス化溶融技術が最も多く、うち一五件を占めている（表3参照）。

この技術評価事業は、厚生省が通知（「廃棄物処理施設整備国家補助事業に係るごみ処理施設の性能に関する指針について」）で、「構造指針」に代えて「性能指針」を打ち出した一九九八年一〇月まで続いた。性能指針を導入したのはメーカーのノウハウ保護と、損害賠償請求を回避するためと考えられるが、それにもまして同業者からの非難も強かったようだ、通知本文には、「施設の性能を確認する根拠となる資料については、第三者機関等の評価を受けたものに限定する必要はない」とのくだりがある。

ところが財団は一九九九年度からは新たに、性能を「確認する根拠となる資料」の提出を主眼とする、「技術開発支援事業」を始め、市町村はまたもやこれを入札の条件とするようになった。まさに大手独占の構図で、中小のベンチャー企業、あるいは海外との提携企業を排除しようという意図を感じる。

この「評価書」に泣かされたある中小企業の担当者は、次のように言う。

「自治体に施設を納入するには、性能指針に沿って実証運転を終え、データをつけなければならないのですが、事実上、廃棄物研究財団または全国都市清掃会議の技術評価認定書がないメーカーは入札に参加できません。……廃棄物研究財団には話もよく聞かず、『来るだけ無駄です』と言われました。全国都市清掃会議は、話は聞いてくれましたが、『認証を受けるには新たに実証炉を建設しなければならないし、五〇〇万円以上の委託料が必要。それに現地での調査費、データ収集時の旅費、宿泊費は別です。それを用意できますか?』と言われました。これでは大手以外で新規の技術を開発しても、評価書がハードルになって入り込めません」

彼の話の中に出てくる社団法人全国都市清掃会議(以下略称「全都清」)は、関連団体の中では財団に次ぎ重要な存在だ。一九四七年に設立された都市清掃協会の時代から長い歴史をもち、市町村間の情

表3　廃棄物処理技術評価書交付一覧

2000年3月30日現在

評価書交付	技術の名称	申請者	備考
第1号 平成6．9．21	浄化槽汚泥比率の高いし尿の膜分離高負荷生物脱窒素処理技術 —前処理脱水脱リン法を適用した技術—	荏原インフィルコ（株） （株）クボタ 栗田工業（株）	官民共同研究 （HS）
第2号 平成6．9．21	浄化槽汚泥比率の高いし尿の膜分離高負荷生物脱窒素処理技術 —生物学的脱リン法を適用した技術—	荏原インフィルコ（株） （株）クボタ 栗田工業（株）	官民共同研究 （HS）
第3号 平成7．9．1	膜分離を採用した浄化槽汚泥処理施設 —膜分離浄化槽汚泥処理方式—	三菱重工業（株）	官民共同研究 （HS）
第4号 平成7．12．14	アスベスト廃棄物溶融・無害化システム	東電環境エンジニアリング（株）	評価
第5号 平成8．4．22	熱分解設備と縦型旋回溶融炉の組み合わせにより、ごみを溶融処理する技術	三井造船（株）	評価
第6号 平成8．4．26	浄化槽汚泥対応型膜分離高負荷生物脱窒素処理方式	アタカ工業（株）	支援・評価
第7号 平成9．1．17	浄化槽汚泥混入率の高いし尿に対応した膜分離高負荷生物脱窒素処理方式	浅野工事㈱，アタカ工業㈱，住友重機械工業㈱、㈱新潟鐵工所，㈱西原環境衛生研究所，三菱重工業㈱	官民共同研究 （HS）
第8号 平成10．7．14	し尿処理汚泥等の廃水処理汚泥及びその他有機性廃棄物の混合メタン発酵処理技術 —混合槽とメタン発酵槽を組み合わせた方式—	アタカ工業㈱、㈱荏原製作所、㈱クボタ、栗田工業㈱、住友重機械工業㈱、㈱西原環境衛生研究所，三菱重工業㈱	官民共同研究 （HS）
第9号 平成10．7．21	高温ガス化直接溶融炉によるごみ処理技術	日本鋼管（株）	官民共同研究 （次世代）
第10号 平成10．7．21	流動床式ガス化溶融炉（TIFG）によるごみ処理技術	（株）荏原製作所	官民共同研究 （次世代）
第11号 平成11．1．18	浄化槽汚泥混入率の高いし尿に対応した膜分離高負荷脱窒素処理技術 —前曝気凝集分離脱リン法を適用した方式—	三井鉱山（株）	支援・評価
第12号 平成11．1．20	浄化槽汚泥混入率の高いし尿に対応した高負荷脱窒素処理技術 —高速凝集沈殿法を適用した方式—	住友重機械工業（株）	支援・評価
第13号 平成11．3．10	シュレッド・アンド・バーン方式によるごみ燃焼発電技術	EAC(Energy Answers Corporation)	評価
第14号 平成11．6．11	し尿処理汚泥等の廃水処理汚泥及びその他有機性廃棄物の混合メタン発酵処理技術 —湿式粉砕選別機とメタン発酵槽を組合わせた方式—	浅野工事㈱、三機工業㈱、㈱新潟鐵工所、三井鉱山㈱、三菱化工機㈱	支援・評価
第15号 平成11．8．6	浄化槽汚泥混入率の高いし尿に対応した膜分離高負荷生物脱窒素処理技術 —前反応分離脱リン法を適用した方式—	㈱タクマ、東レエンジニアリング㈱、日本鋼管㈱、三井造船㈱、三井造船エンジニアリング㈱	支援・評価
第16号 平成11．8．30	間接加熱による熱分解ガス化溶融技術	（株）タクマ	官民共同研究 （次世代）
第17号 平成11．8．30	流動床ガス化溶融式によるごみ処理技術	川崎重工業（株）	官民共同研究 （次世代）
第18号 平成11．8．30	間接加熱式分解炉と表面溶融炉によるごみ処理技術	石川島播磨重工業（株） （株）クボタ	官民共同研究 （次世代）
第19号 平成11．8．30	流動床式熱分解ガス化溶融技術	（株）神戸製鋼所	官民共同研究 （次世代）
第20号 平成11.12.7	浄化槽汚泥混入率の高いし尿に対応した膜分離高負荷脱窒素処理技術 －前凝集分離濃縮法を適用した方式－	三菱化工機（株）	支援・評価
第21号 平成11.12.7	流動床式ガス化炉と旋回型高負荷溶融炉の組合せによるごみ処理技術	（株）栗本鐵工所 三機工業（株） 東レエンジニアリング（株） ユニチカ㈱	官民共同研究 （次世代）

第22号 平成11.12.7	流動床ガス化溶融式によるごみ処理技術	日立造船(株)	官民共同研究 (次世代)
第23号 平成12.1.31	し尿処理汚泥等の廃水処理汚泥及びその他有機性廃棄物の混合メタン発酵処理技術 －2段メタン発酵方式－	石川島播磨重工業(株)、新日本製鐵(株)、(株)タクマ、東レエンジニアリング(株)、日本鋼管(株)、日立造船(株)、三井造船(株)	支援・評価
第24号 平成12.3.27	流動床式ガス化炉とサイクロン式溶融炉によるごみ処理技術	バブコック日立(株)	官民共同研究 (次世代)
第25号 平成12.3.30	熱分解溶融炉によるごみ処理技術	三菱重工業(株)	官民共同研究 (次世代)
第26号 平成12.3.30	流動床ガス化溶融式によるごみ処理技術(分離方式)	川崎重工業(株)	官民共同研究 (次世代)
—	流動層式熱分解炉と旋回式溶融炉の組合せによるごみのガス化溶融処理技術	月島機械(株)	評価中
—	間接加熱式熱分解炉と縦型旋回溶融炉によるごみ処理技術	(株)日立製作所	評価中
—	流動層式熱分解ガス化炉とロータリーキルン式溶融炉によるごみ処理技術	住友重機械工業(株)	評価中

(財)廃棄物研究財団が技術評価書を交付した企業と技術名。この評価書が事実上、市町村の入札参加の条件となっている。

報交換、技術についての研究、国への働きかけを行ってきた。財団はこの全都清の技術部門を母体にしている。しかし財団の発足以来、全都清の活動もそれにひきずられるかのように企業寄りになり、国への要望書で「広域化計画」の推進をうたうほどになった。一九九九年八月からは、財団と同じような「廃棄物処理技術検証・確認事業」に参入している。これは財団が認証し損なった技術をカバーする意味があるらしく、これまで認証した四件のうち、川鉄サーモセレクト、神鋼ルルギ式ストーカー炉は海外との技術提携だ。

全都清が技術評価に走る意味は大きい。なぜならここは全国すべての市町村、一部事務組合、広域連合を組織しており、そこでの決定が全市町村をしばることになるからだ。都道府県の参加は六だが、個人会員八四名には「学識経験者」が多く、企業一三四社にはゼネコンも顔を見せており、メンバーのほとんどが財団と重なっている。研究会や委員会の顔ぶれは財団と似ており、理事クラスになるとさらに人脈はつながっている。

もうひとつ重要な関連団体として、法令集の作成を一手に引き受けている財団法人日本環境センターがある。ここには全都道府県が参加し、一六四の市町村、一部事務組合も加わっている。関連業界、企業の参加は八八。予算規模も四七億円と大きい。ここでも二〇〇〇年八月から財団と同様に「廃棄物処理技術検証事業」を始めているが、その対象にしているのは国内での実績があまりない技術とし、財団・全都清との「住み分け」が見える。また、三法人とも、廃棄物処理に関する資格取得の講習などを行っており、それを通じて全国の関連業者を組織する役割を果たしている。

そのほかに廃棄物関連団体は多いが、これらの組織はすべて横でつながっており、人脈も重なっている。それぞれの総会や研究会には互いの理事らが顔を見せ、学識経験者が交流している。能勢町の調査に参加しているのも、これらの法人のメンバーだ。これらの団体はすべて国、県、市町村の天下りの温床にもなっており、行事などがあると水道環境部長や課長がかけつけている。これらの組織を通じて資金が政界へ還流している可能性もある。つまり日本では「環境」という名の下で、厚生省と業界を中心に、学者、自治体、関連法人などを網羅した幾重もの組織が重なりあって、大談合システムを形成しているのだ。これでは市民の意思が反映されるはずがない。

公正取引委員会は、廃棄物処理施設の入札に関して、日立造船、三菱重工業、タクマ、日本鋼管、川崎重工業の五社を独禁法違反で談合と認定したが（一九九八年）、五社はこの認定を不服としたため、現在、審判に持ち込まれている。しかし相手は中央省庁が関与した複合組織。公正取引委員会の「本気」が試されている。

新技術の「有効性」について厚生省が答えられなかったことは前述した。筆者は同じ質問を、新ガイドラインを策定した財団に向け、回答を求めた。しかし財団が出したのは一九九一年と一九九二年の三菱重工技報、一九九四年の日立造船技報と、一九九五年の廃棄物学会の論文だけだった。それはともかく、企業の研究がそのままガイドラインになったということを示している。純然たる第三者機関による、公平、公正な「実用段階におけるガス化溶融炉のダイオキシン無害化の証拠」を裏付けるデータはどこにもない。

3 グローバル経済下での廃棄物ビジネス

1 有害廃棄物処理マーケット

産業界にはさらに、「ガス化溶融炉」などの新技術を、国際的に売り込もうとの思惑もある。日本は先進国のなかでほとんど唯一、「焼却処理」の事例（＝ごみ焼却）を重ねてきた国だし、日本以外に積極的にダイオキシンや有害廃棄物を処理している国もない。環境意識が強い先進国の政府は、危険や汚染を伴う事業を国内で行うことを避けたがるし、そもそも廃棄物の移動もいやがる。そこに国際ビジネスの商機を見出したのが日本の産業界で、どのメーカーも英文ホームページで「ダイオキシン完全無害化」プラントを大々的に宣伝している。

何しろダイオキシン以外にも処理が必要な有害廃棄物は山ほどある。

まずＰＣＢだ。

これについては環境省が二〇〇一年六月二二日、新法（「ポリ塩化ビフェニル廃棄物の適正な処理の推進に関する特別措置法」）を制定、七月一五日に施行した。ＰＣＢの適正な保管と処理についての基準を定めた法律である。これも政策の大転換だ。

ＰＣＢはダイオキシンの親玉のような存在で、燃焼させるとダイオキシンの発生は避けられない。日本では一九六八年のカネミ油症事件からその強い毒性が知られるようになったが、絶縁性があることから、トランス・コンデンサーに多用され、一九七二年に生産が禁止されるまで、約五万四〇〇〇トンもが使われている。

厚生省は一九七三年にはＰＣＢ使用部品を取り外し、適切な処理方法が見つかるまで、メーカーが責任をもって保管することを義務付けた。「焼却、薬剤処理、超臨界処理」という三方式を指定したのは、それから二三年後の一九九八年のことである。もちろんガス化溶融炉を引き立てるねらいだったが、しかしそのころまでに、保管ＰＣＢのかなりの部分が行方不明になっていた。国・県に管理能力がなかったというより、企業の「自主性」などまったく信頼できないということである。

その間、八王子の小学校での児童のＰＣＢ曝露事故などもふまえ、ようやく厚生省が重い腰をあげ、ＰＣＢの適正処理のために新法を作った……そうだろうか？

処理は新法に拠らずとも、廃掃法に拠って行える。それなのに立法理由がはっきりしない新法を作ったのは、ＰＣＢ処理を今後国際ビジネスとしようという業界の意思が反映されているためだと思われる。

今のところ、全世界で処理が問題になっているＰＣＢを、日本が引き受けて処理するといえば、それは歓迎されるだろう。特にその申し出を待ち望んでいるのが在日米軍だ。これには下敷きとなる事件がある。

一九九八年秋、米軍厚木基地で大量のＰＣＢ汚染物が一部野積み状態で保管されているのが発見された。二〇〇〇年三月、米軍はこれをカナダ・バンクーバーで処理するため、約一〇〇トンを横浜港から積み出したが、カナダで陸揚げ拒否、シアトルでも荷役業者の反対に遭って、太平洋をうろうろしたあげく、横浜に舞い戻っている。米国に持ち込めないのは、米国には有害廃棄物の国内持ち込みを禁止する法律——たとえ米国で製造されたものでも——があるからだ。行き場のなくなったＰＣＢ汚染物は今、南太平洋のウェーク島に保管され、相模補給廠にはまた新たな汚染物が集まりつつあるという。

日本のどこかでガス化溶融炉が完成すれば、これは真っ先に処理されることになるだろう。それだけでなく、全世界の米軍基地で処理を待つ有害廃棄物が、この極東の島国めがけて集まるかもしれない。わざわざ新法を作ったところに、バーゼル条約非加盟の米国の、在外米軍の事情を考えないわけにはいかない。今後出される新法の施行令、規則に注目しなければならない。

＊——バーゼル条約：正式名は「有害廃棄物の国境を超える移動及びその処分の規制に関するバーゼル条約」。一九八九年三月、国連環境計画（ＵＮＥＰ）の検討を受けてスイスのバーゼルで締結された。有害廃棄物の輸出入に事前連絡・協議を義務付ける内容で、締約国は一三二カ国。日本は一九九三年九月に加

入し、「特定有害廃棄物等の輸出入等の規制に関する法律」など国内法を整備した。しかしリサイクルなどを名目にした発展途上国への有害廃棄物の輸出がなお続いたため、一九九五年に条約は改正され、OECDから非OECD諸国に向けたすべての有害廃棄物の越境移動を禁止する（リサイクル目的でも）「バーゼル禁止条項」を盛り込んだ。禁止条項は六二カ国の批准で発効する。現在二五カ国が批准、中国も二〇〇一年に批准した。日本は加盟も批准もしていない。

特に米国とのつながりを感じるのは、たとえば「能勢」の汚染物の分解に、厚生省が米国の「ジオメルト工法」を採用したことなどがあげられる。一九九八年一二月に設置した「ダイオキシン類汚染物分解処理技術検討会」が、公募によって選定した、高温溶融による土壌汚染のクリーニング技術。提案したのはＩＢＳジャパン。鴻池組、ハザマ、宇部興産のＪＶだが、技術を開発したのは米国企業である。最大の資源消費国米国と、それに続く大量廃棄国日本は、すでに廃棄物を通じて同盟関係にあるようだ。

廃棄された兵器や武器の処理も――表ざたになることはないだろうが――今後、大きな需要が見込める分野だ。すでに内閣府は旧日本軍が中国に遺棄した化学兵器の処理について日揮とコンサルタンティング契約を結んだ。今後、中国に眠る七〇万発といわれる化学兵器を処理する費用は、少なくとも数千億円とされている。

しかし遺棄兵器でなくとも、現役兵器を処理する需要は世界中にある。武器弾薬にも耐用年数がある。常に時代の最先端の技術を求めるこの世界では、時代遅れの武器・弾薬は常に新しいものにとってかわられ、不要となった旧型の武器は、主に紛争地帯で「消費」されてきた。しかし、ボスニア・ヘルツェゴビナ紛争で、米軍が劣化ウラン弾を使用した事件が明るみに出たため、こうした手は使いにくくなった。日本企業は兵器処理システム開発にも乗り出しており、成長産業と見ている。

医療廃棄物の処理も需要が高まっている分野だ。中でも問題になっているのが、血液や病原体の付着した注射針、メス、ガーゼなどの感染性廃棄物だ。また医療用具には塩ビが多く使われているため、焼却によって他の産業廃棄物よりも大量のダイオキシンを発生させることも知られている。このため、つい最近まで医院や病院で自家焼却されていた医療系廃棄物が、どっと市町村に押し寄せてきているという（不法投棄も増大している）。業界はそれらを特別のプラスチックコンテナに密閉し、そのまま高温焼却する方法を勧めている。医学の世界にはそのほかにも、先端医療やバイオ医療に関わる廃棄物、揮発性アルコールや笑気ガスなど把握しにくい廃棄物が多く、それぞれが新たなビジネスチャンスになりそうだ。

核廃棄物の処理にはすでにロシアが名乗りをあげている。二〇〇一年の六月、ロシア下院が使用済み核燃料を再処理化する法案を採択したと報道された。このプルトニウムの再処理ビジネスの規模は、「今後一〇年間で二〇〇億ドル以上」と見込まれており、ターゲットは欧州、中東、アジアなどの原発保有国だ。広大な国土があるとはいえ、チェルノブイリを経験した国が核処理ビジネスに乗り出すのは、経済不況の深刻さだけではなく、「核マフィア」の存在があるのだろう。汚染と破壊が続くかぎり、廃棄物ビジネスは拡大していく。

2　焼却炉の海外移転

焼却炉自体の売り込みも盛んだ。特にターゲットとなっているのが、日本との結びつきの強い東南アジアのフィリピン、タイなどである。

「ダイオキシン・環境ホルモン対策国民会議」のリポート（二〇〇〇年一一月号　田坂興亜氏）によると、日本はそこにまずＪＩＣＡ（国際協力事業団）を送り込み、焼却炉の必要性などを提言させ、次にメーカーの技術者を同道させて技術を説明させ、契約に結びつけるという。クリーンな環境づくりに役立つ、ダイオキシンは発生しないとのふれこみ、資金は超低利で貸し付けるなど、「援助」を強調した売り込み方は日本の補助金行政と同じだ。フィリピンのごみ事情は、ごみの集積場「スモーキーマウンテン」や、そこで、ごみ拾いで生活している人々「スカベンジャー」などの報道でかなり有名だ。二〇〇〇年七月には、ゴミの山が豪雨で崩壊し、二〇〇名以上が死亡する悲惨な事故が起きている。

それらのことから、やはり焼却場が必要、と思う人もいるかもしれない。しかしそれは逆に、この国ではごみの焼却処理が一般的ではないことを示している。現にフィリピンには民間企業一三、医療廃棄物用三九の、合わせて五二の焼却炉しかなく、日本の九〇〇〇とは比較にならない。

しかしこの差も、産業界にとってはむしろ売り込みのいい条件と映るらしい。焼却炉を入れれば、土壊汚染、水質汚染は避けられないため、それは次のビジネス――汚水クリーニング、土壌クリーニングプラントの受注につながる。ところがフィリピンは、ごみの焼却を全面的に禁止したため（後述）、目下、日系企業はその決定がくつがえるのを待っている。

タイでは日本人観光客があふれるプーケット島に、日本の援助で二五〇トン炉が建設され、稼動中だという。バンコク市でも一三五〇トンの処理能力をもつ巨大炉を、国際協力銀行による低利融資で建設するという計画が持ち上がった。幸いこの計画も市民団体の調査と働きかけによって中断、新市長は「ごみ焼却炉建設プロジェクトを破棄する」と発表したと伝えられている（川名英之「活発化するアジアのごみ焼却反対運動」技術と人間二〇〇一年三月号）。

同じような事態がマレーシアや、台湾、韓国などでも進んでいる。もともとごみの出ないような暮らしぶりの東南アジアの国々では、ごみは分別、再利用、埋め立てで対応してきた。したがって焼却炉の数もいたって少ない。その生活を根本から変えつつあるのは、経済のグローバル化だ。特に日本は、焼却炉の輸出を通じて、これらの国々の産業構造そのものを転換させようとしているわけで、その倫理的責任が問われる。

しかしこの焼却炉輸出は、日本の生産拠点が今、急激に東南アジアにシフトしつつあることと無縁ではない。第二次世界大戦のきっかけがそうだったように、日本の経済界は東南アジアを、常に「工場」としてきた。安い労働力を求めて、危険物の生産や処理を行ってきた日本企業の「公害輸出」は、折にふれ問題になってきた。一例として、マレーシアで操業していた三菱化成系の鉱石精製会社「エーシアン・レアアース」の事件をあげよう。同社はスズ鉱石を精製し、カラーテレビやパソコン用に日本に輸出していた。その過程で出る放射性廃棄物が、ずさんな管理のため、住民に健康被害を与えていたことを、一審で裁判所が認定し、同社に操業停止を命じたのである（ただし最高裁では無罪が確定している）。

同じパターンが繰り返されようとしているのだ。公害輸出企業は、常に受け入れ国の法律の不備をねらって進出しており、その行動は確信犯的だ。この地域ではやがて中国がＷＴＯという多国籍企業型の組織に加わることで、経済地図が一気に変わる可能性がある。生産拠点のアジアシフトはそれを見込んだものだが、生産基地が動けば、処理施設も動くというのは、日本企業にとってごく単純なセオリーだ。相手国の政府が日本と同じ体質（経済優先、官民癒着、環境軽視）をもっていれば、この焼却炉輸出ビジネスはうまくいき、環境汚染が残されることになるだろう。

終章

ごみ問題の解決はあるのか？

1　焼却主義の帰結

有害廃棄物を排出することで成り立つビジネス、それを国策とする環境省はどちらも恐ろしい。環境や人命に関する彼らの無感覚ぶりは、海外での事件における行政の対応と比べた場合、さらに明確になる。

「一・五グラム」

酪農国のベルギーでは一九九九年三月、輸出用の鶏肉、卵などのダイオキシン汚染がわかり、全土が引っ繰り返りそうなほど大騒ぎになったことがあった。国をあげての徹底的な追及の結果、飼料に混入していたPCBが原因だったことがわかり、少しでも汚染の可能性のあるものは徹底的に処分された。このとき漏出したと推測されるダイオキシンの量は一・五グラム。政府の報告書にはこうある。「日本のカネミ油症、水俣病に比べると低い数値だ」と。

「四・五グラム」

神奈川県の藤沢市では、廃棄物研究財団や全国都市清掃会議にも加盟している荏原が、ダイオキシンで汚染された水を、自社の敷地から直接に公共下水管につないでいたことが発覚した。旧厚生省の発表によればダイオキシン濃度は基準値の八一〇〇倍。長年にわたり汚染水が引地川を汚し、相模湾に流れ込んでいたのだが、漁業禁止令は出されず、海水浴も禁止されなかった。関係者はむしろ、風評被害を避けるため、一刻も早い安全宣言を欲しがった。筆者は市民の質問に市の職員が、「今日明日に死ぬほどのものじゃないし、何億分の一というレベルの話ですから、心配ないです」と答えたのを聞いている。荏原の発表では流出したダイオキシンの量は約四・五g。なお荏原は一切資料を出していない。筆者の取材は拒否された。

「二・五キロ」

イタリア・セベソで、ダイオキシン事故の原点ともいえる事故が起きたのは、一九七六年のことだ。イクメサという化学工場が爆発し、ダイオキシンを含む大量の汚染雲が街を覆い、動物が死に絶え、後に汚染地区は取り壊された。流れ出たダイオキシンは二・五キロ以上と推測されているが、事故直後のメーカーの情報隠しで実態は不明。さらに処理のために列車に積んだ汚染物が行方不明になり、最終的に発見されたフランスで処分されたというおまけまでついた。しかしロンバルディア州は事故から一〇年後の一九八六年、「ロンバルディア環境基金」を設立し、事故の追跡調査と地元住民などの教育を開始し、現在にいたっている。ここで出した事件の報告書もまた、公害の原点として「カネミとミナマタ」

に言及している。

「四・三キロ」

日本では、全土で毎年四キロ以上のダイオキシンを発生させている。

「一九九六年のダイオキシンの総発生量は約四三〇〇g-TEQ、そのうち八〜九割がごみ焼却炉から排出されているとの報告がある」（一九九七年「新ガイドライン」）

これは世界中のダイオキシン発生量の実に二分の一にあたる。UNEPの報告でも、日本の排出量は二位のフランスをはるかに引き離し、米国の一・五倍にのぼるという。二〇〇〇年、千葉大学は、胎児のへその緒から何種類もの汚染物質が出たことを確認したと発表した。母乳のダイオキシン汚染はすでに周知の事実だ。数年前、ヒトの精子の減少が大きな問題になったが、男性の精子の最大八五パーセントまでが、遺伝子（DNA）に損傷を受けているという恐ろしい報告もある（二〇〇〇年六月カナダの国際会議）。

「持続可能な開発」ではなく、「生存可能な社会」へむけて、とにかく焼却主義はやめなければならない。

世界でもごみの「焼却」処理は決して主流ではない。それはむしろ少数派だ。焼却によって未知の有毒物質が出てくることが知られているためで、ヨーロッパの都市で焼却炉に頼っているところでも、灰や飛灰は「次世代によりよい分解方法が見つかるまで」、地下の岩塩坑跡などで厳重に保管されている。

「焼却」に反対する動きは、日本を除くアジアでも起こりつつある。

一九九九年六月、前述した通り、フィリピンのエストラーダ前大統領は、すべてのごみの焼却を全面禁止する「クリーン・エア」法に署名した。同法は即日発効し、稼動中の焼却炉も三年以内に廃止されることとなった。同法は有害廃棄物の基準の設定、汚染の低減も盛り込んだ、画期的な法律である。この法律と、サン・マテオの埋め立て処分場の閉鎖を命じた最高裁の判決（二〇〇〇年一月）、クリーン・エア法施行を確保するための「廃棄物環境管理法」（二〇〇一年一月）は、フィリピンにまったく新しい可能性を約束している。

画期的な法律を制定させたのは市民の力が大きい。もちろん業界はこれに反発して、アジア開発銀行などを通じて、焼却禁止条項を見直すように政界に圧力をかけている。しかし、いったん「法律」の力を知った市民は、これに全力で立ち向かうだろう。

このフィリピンの動きは東南アジア全域に広がり、ごみを燃やして片づけるのではなく、根本的な見直しを求める「WASTE　NOT　ASIA」（WNA）という団体の結成につながった（二〇〇〇年七月）。ごみの焼却処理は、最も遅れた政策であることは、世界の共通認識になりつつある。

先進国でも法律で焼却を禁止しているところもある。カリフォルニア州のアラメダ郡は、一九九〇年、廃棄物の大幅削減の目標を定めた法律に沿って、廃棄物削減・リサイクル法を制定している。その「目的」の部分だけを紹介しよう。

新しい州法がカリフォルニア州の全郡市に、包括的な資源削減・リサイクル計画を策定し、資金援助し、施行することを求めたのに合わせて、アラメダ郡資源削減・リサイクル計画（以下「リサイクル計画」と呼ぶ）を定める。一九九五年一月一日までに、アラメダ郡内のごみの埋め立てを、州法で規定した最低二五パーセントという削減目標に合わせる。二〇〇〇年一月一日までにはさらに五〇パーセント削減目標に合わせ、新たに七五パーセント削減に向かって長期目標を立てる。

リサイクル計画は、少なくとも次の重要な条件を満たすこと。

・アラメダ全郡の資源削減計画は、廃棄物の発生を最小限にするものであること
・居住地のリサイクル計画はアラメダ郡の居住者に再生原料を使いやすくするものであること
・商業リサイクル計画は、企業と政府機関の廃棄物処理コストを削減するものであること
・アラメダ郡リサイクル製品市場開発計画は、リサイクル製品のための強力かつ安定したマーケットを創造するものであること
・リサイクル製品購入計画は、郡政府機関が購入するリサイクル製品の量を多くすることによって、さらにリサイクルマーケットを拡大するものであること
・アラメダ郡ごみ埋め立て地において処理したごみ一トンにつき、六ドルの追加料金を課すことによってリサイクル計画の基金となすこと

・リサイクル計画をコーディネートするため、アラメダ郡資源削減・リサイクル委員会を設置すること

・アラメダ郡における廃棄物の焼却を禁止すること

こうして、アラメダ郡内では、焼却炉の運転を完全に非合法とした。また焼却炉から排出される焼却灰・焼却残渣を、郡内に埋め立てることも禁止した。同法は、「焼却は原料削減やリサイクルに比べ、劣った選択肢である」と述べている。

2 モノの復権を

数少なくなった戦争体験者に聞くと、第二次世界大戦直後と、五〇数年後の現在の生活との最も大きな違いは「ありあまるモノ」だという。確かに、モノ不足に泣いていた五〇年前には、廃棄物問題はなかった。小さい住まいの中で、最低限の物資を四季に応じてうまく使いこなしてきたのが、日本の生活だった。健康的かつ機能的な生活ぶりを大きく変えてしまったのが、戦後の高度成長、石油製品の住居への侵入である。

商品が「ごみ」化するサイクルが早いのは、住居を含め、モノがその価値をなくしているからである。ならばモノに価値を戻してあげればいい。生産と流通体系をせいぜい三〇年ほど前に戻し、そこに新しい技術を加えればいいのではないか。吟味された自然の素材を用い、ていねいに制作し、製品の数を限定し、長期間の使用に耐えるようにする。

法律はそれを手助けするシンプルな内容であればそれでいい。膨大な廃棄物処理法は、それだけで業界の指南書であることを示している。

「広域化計画」に代わるべき、具体的提案も少し述べておこう。それはこれまで、業界と省庁が決して打ち出さなかった内容ばかりだが、彼らが無視してきたところにこそ、解決策がある。

一　すべての製品（家屋・機械・乗用車・家電製品など例外なく）・容器は生産者が引き取り（下請け生産者ではなくて、発注元が）、生産者のコストで処理する。

二　販売者は製品・容器の返還ボックスを用意する。

三　ワンウェイ・使い捨て容器、バージン材料を用いたＤＭやパンフ、折り込み広告、チラシなどの禁止、あるいは高額の税金をかける。スーパーのトレーやショッピング袋の有料化。

四　塩ビの使用と焼却の禁止。代替品使用の義務付け、過渡的措置として「焼却するとダイオキシンが出る」との表示の義務付け。

五　一般廃棄物の処理はこれまで通り市町村にまかせる。行政範囲は狭い（住民が少ない）ほど、実態を把握しやすく、またごみ削減が容易となる。

六　安全性が確かめられていないガス化溶融炉の導入を中止する。導入したものについては、汚染がわかった場合は、企業に全面的に原状回復責任をもたせる。

七　ごみ処理施設について、計画・設置・運営・管理のすべての段階で住民への説明・住民同意を義務付け、その意見を反映させる。

八　産廃の実態は製品製造の段階でつかみ、その物質収支を裏付けるデータを出させ、住民を入れた産廃管理委員会で監督する。

驚くことはない。昨年秋、ＥＵが矢継ぎ早に打ち出している生産者規制に比べればここにあげてあることなど、簡単に実施できることばかりだ。

昨年秋に出されたＥＵの「廃棄自動車に関する指令」は、二〇〇二年七月からすべての車両について、メーカーのコスト負担で廃車処理を行うことを義務付けており、各国もこれに同意し、それぞれ国内法を整備し実施を待つばかりの状態だ。

その内容は――

・二〇〇二年七月以降の出荷分については、メーカーの負担で廃車処理を行う。それ以前に出荷されたものについても、二〇〇七年一月から同様の条項を適用する

・二〇〇三年七月以降の出荷分から鉛・水銀・カドミウム・六価クロムの使用を禁止する

・二〇〇六年一月までに廃棄車両の平均重要の最低八五パーセントを回収、八〇パーセント以上を再利用する

これは外国車にも適用される。基幹産業保護の名の下、廃車処理のコスト負担を完全に免れてきた日

本のメーカーが、あわてて「自動車リサイクル法」を作ろうとしている背景が、このEU指令だ。

これだけではなくEUは二〇〇一年六月の環境相理事会で、化学業界の生産規制のための共通政策づくりに乗り出すことで合意し、欧州委員会が年内に法案を打ち出す。原則として輸入品を含めた全化学製品を対象に、商品の登録を義務付け、製造や販売を認可制度とし、監視組織を作るという画期的なものだ。

またパソコン・冷蔵庫からヘアドライヤーまで、すべての電子・家電製品を対象にしたリサイクル法案の内容でも合意した。材料の再利用率を六〇～八五パーセントとし、有害物質の使用禁止時期を二〇〇七年とするなどの内容で、これも法案策定作業に入る。すべて、環境悪化要因を排し、モノの価値を高め、廃棄物を抑制することを目的としている。

これとは別に二〇〇一年五月には、ダイオキシンやPCBなどの有機汚染物質を規制する、初の国際条約、「有害汚染物質国際規制条約」がストックホルムで調印された。これは五〇カ国の批准で発効することになっており、二〇〇四年の発効を目標としている。しかし日本は調印を見送った。国内で焼却主義強化を進めていれば、調印するわけにはいかなかっただろう。ただしこの「外圧」は、ガス化溶融炉をあきらめるときの、都合のいい言い訳にはなりそうだ。

ヨーロッパは国際競争力よりも、環境政策を選び始めている。その動きの底には、市民の「環境保護」への明確な選択がある。「生存可能な地球」のために、私たちも同じ選択を迫られている。

あとがき

できればごみ問題は避けたかった。私のこの問題への取り組みは、一〇年ほど前、鎌倉市や葉山町の最終処分場が構造基準違反の「素掘り」で、その結果、周辺を汚染していたという事件を掘り起こしたときに始まる。これが明らかな違法であることは後に証明されたが、当時、神奈川県と市・町は「問題なし」と片づけてしまった。

この事件は、ちょうど国が「広域化」を水面下で模索していた時期にあたる。役人の無責任ぶりに、市民が腹を立てる場面は多い。しかしそれがごみ問題となると、この無責任体制はなぜか恐怖感を呼び起こす。

私は彼らの対応に心底ぞっとし、以後、この問題からは遠ざかろうと決心した。それでなくともごみ問題は産業界・産廃問題に直結し、つまりは政界をまきこんだ社会制度そのものにメスを入れずには済まない。しかし当時、一人でそんな大問題を抱え込むのはごめんだと思ったのだ。

しかし一九九九年秋、初めて広域化通達を読み、その誓いもふっとんだ。私が目をそらしていた間に、ことは悪化していたのだ。「国」とはこれほど国民を裏切るものか、これはまるで「経済戦争の勝利」

にむけての臨戦体制ではないか、というのがそのときの直感だ。何よりも、これは押し寄せる欧米の資本再編成に対抗する経済対策なのである。大企業は地球資源を好きなだけ消費し、無制限に生産し、不要なものは高温溶融し、そのコストは国民に押しつける。国は業界の求めに応じて法律を変え、市民にはそれを悟らせない。

しかし厚生省もまた一枚岩ではないようだ。触れる紙数はなかったが、「廃棄物循環型社会基盤施設整備事業計画」という長い名前の計画は、厚生省にも良識派がいるのかとも思わせる。おそらくは補助金をめぐり、「広域派」との抗争があったのだろう。

新政策の犠牲になるのはこれからやって来る世代だ。今でさえ世界のダイオキシンの半分を排出するという日本の、いったいどこに環境汚染の心配なしに住める所があるだろう。私ひとりで取材、執筆するには手に余る問題だったが、同世代人の責任として本書を著した。これも前著『土地開発公社』と同様、類書がまったくなく、主に参考にしたのは行政資料、裁判資料、関係機関の機関誌、住民運動の資料、法律とその解説書などである。ただしこれまでと違うのは、インターネットを飛び交う国内外のさまざまな情報から、貴重なヒントを得られたことである。

紙数の制約があって十分に意を尽くせない部分も多いが、これは筆者の今後の宿題になる。厚生省など取材に応じていただいた方々、上田壽さん、篠田健三さんを始めさまざまな資料を提供してくださった方々にはこの場を借りて心からお礼を申し上げたい。またこの問題がほとんど報道されていない中で、いち早くその重要性に気づいて、早期の出版を勧めてくださった築地書館の土井二郎さんにも謝意を表したい。

なお築地書館から出版した前著の『土地開発公社』は、小泉内閣の下で、ようやく廃止を含む見直しの対象となった。本書を著すことで、日本の廃棄物政策も廃棄物の「質」と「量」に正面から取り組み、EU並みに大転換することを願ってやまない。

（参考資料）
『「お役所」からダイオキシン』上田壽　彩流社
『廃棄物処理法の解説』廃棄物法制研究会編著　財団法人日本環境衛生センター
『地方自治法』室井力・兼子仁編　日本評論社
「活発化するアジアのゴミ焼却禁止運動」川名英之（技術と人間二〇〇一年三月号）技術と人間社
『ダイオキシン――今何が問題か』関東弁護士連合会

著者略歴――山本節子（やまもと　せつこ）

一九四八年生まれ。行政ウオッチャー、調査報道ジャーナリスト。

立命館大学文学部英米文学科卒業。鎌倉市在住。

自然保護運動をきっかけに、主に土地、開発、環境問題などの行政問題に取り組み始める。

その手法は具体的な事件の背景を、行政文書や裁判資料、法令を読み込むことで科学的に分析し、さらに関係省庁などに丹念に取材を重ねて問題点を洗い出すというもの。

一作目の『西武王国　鎌倉』（三一書房）では、いかに企業が土地取引を通じて自治体を支配し、その市政を左右してきたかを証明し、鎌倉の戦後史に光を当てたとして大きな反響をよんだ。

二作目の『土地開発公社』（築地書館）では公社自体の違法性と、国策によって市町村が抱えこまされた不良資産の問題を特別法（公有地拡大推進法）の成立とあわせて鮮やかに書き出し、土地開発公社の見直し機運を高める一助となった。

行政ウオッチシリーズの第三弾となる本書は、「グローバル化」を背景にした今後の都道府県や市町村の将来像を、「ごみ問題」を切り口に分析している。

なお本書をお読みになった感想・情報などがあれば、ぜひ左記までお寄せください。


watcherkam@par.odn.ne.jp

ごみ処理広域化計画

二〇〇一年一〇月二五日初版発行

著者――山本節子
発行者――土井二郎
発行所――築地書館株式会社
東京都中央区築地七-四-四-二〇一　〒一〇四-〇〇四五
電話〇三-三五四二-三七三一　FAX〇三-三五四一-五七九九
振替〇〇一一〇-五-一九〇五七
ホームページ=http://www.tsukiji-shokan.co.jp/
組版――ジャヌア3
印刷・製本――株式会社シナノ印刷
装丁――久保和正

 ISBN 4-8067-1231-0 C0030